360°-Feedback

Praxis der Personalpsychologie
Human Resource Management kompakt
Band 1

360°-Feedback

PD Dr. Martin Scherm, Prof. Dr. Werner Sarges

Herausgeber der Reihe:

Prof. Dr. Heinz Schuler, Prof. Dr. Jörg Felfe,
Dr. Rüdiger Hossiep, Prof. Dr. Martin Kleinmann

Begründer der Reihe:

Prof. Dr. Heinz Schuler, Dr. Rüdiger Hossiep,
Prof. Dr. Martin Kleinmann, Prof. Dr. Werner Sarges

Martin Scherm
Werner Sarges

360°-Feedback

2., überarbeitete und erweiterte Auflage

PD Dr. Martin Scherm, geb. 1961. Studium der Psychologie, Pädagogik und Politischen Wissenschaft an der Universität Hamburg. 1996 Promotion. 2010 Habilitation. Leitung des Arbeitsbereichs Führungsbegleitung an der Helmut-Schmidt-Universität Hamburg.

Prof. em. Dr. Werner Sarges, geb. 1941. Studium der Psychologie und der Betriebswirtschaftslehre an den Universitäten Marburg und Hamburg. 1971–1973 Trainee und Junior-Manager in einem multinationalen Konzern der Konsumgüterindustrie. 1974 Promotion. Von 1977–2006 Professor für Quantitative Methoden an der Helmut-Schmidt-Universität Hamburg und seit 1984 Institutsleiter und Beratender Psychologe am Institut für Management-Diagnostik in Barnitz (bei Hamburg).

Bibliografische Information der Deutschen Nationalbibliothek
Die Deutsche Nationalbibliothek verzeichnet diese Publikation in der Deutschen Nationalbibliografie; detaillierte bibliografische Daten sind im Internet über http://dnb.dnb.de abrufbar.

Hogrefe Verlag GmbH & Co. KG
Merkelstraße 3
37085 Göttingen
Deutschland
Tel. +49 551 999 50 0
Fax +49 551 999 50 111
verlag@hogrefe.de
www.hogrefe.de

Umschlagabbildung: © baona–iStock.com by Getty Images
Satz: Matthias Lenke, Weimar
Druck: mediaprint solutions GmbH
Printed in Germany
Auf säurefreiem Papier gedruckt

2., überarbeitete und erweiterte Auflage 2019

(E-Book-ISBN [PDF] 978-3-8409-3000-3; E-Book-ISBN [EPUB] 978-3-8444-3000-4)
ISBN 978-3-8017-3000-0
http://doi.org/10.1026/03000-000

Inhaltsverzeichnis

1 Begriff und Konzept des 360°-Feedbacks 1
1.1 Bezeichnung 1
1.2 Definition 1
1.3 Abgrenzung zu ähnlichen Begriffen/Konzepten 4
1.4 Bedeutung für das Personalmanagement 7
1.5 Betrieblicher Nutzen 13

2 Theorien und Modelle des 360°-Feedbacks 15
2.1 Feedback als Katalysator der Entwicklung von Führungskräften 15
2.2 Feedback als Katalysator des Organisationslernens 22
2.3 Kompetenzen als Fokus des 360°-Feedbacks 26
2.4 Von der Wahrnehmung zur Konstruktion der „Wirklichkeit“: Feedbacks als Eindrucksurteile 30
2.5 Prozessmodell und zentrale Forschungsbefunde 38
2.5.1 Die Urteilsdifferenzen zwischen Selbst- und Fremdurteil 38
2.5.2 Der Zusammenhang der Urteilsdifferenzen mit Leistung und Zielerreichung 40
2.5.3 Die Wahrnehmung von Ziel-Leistungs-Diskrepanzen und ihr Einfluss auf die Selbsteinsicht und das Selbstbild 44
2.5.4 Das erwartete Verhalten und die Bedeutung des Feedbackprozesses 45
2.5.5 Die erwartete Leistung und die Bedeutung des Feedbackprozesses 45
2.5.6 Die Ergebnisse von Feedbackprozessen 47

3 Analyse und Maßnahmenempfehlung 55
3.1 Voraussetzungen der Installation von 360°-Feedbacks 55
3.1.1 Kultur der persönlichen Wertschätzung 55
3.1.2 Verbindlichkeit und Wertschätzung von Entwicklungsbemühungen durch Einbettung in Development-Strategien 56
3.1.3 Entscheidung bezüglich der Funktion des Feedbacks 57
3.2 Der Feedbackprozess 59
3.2.1 Phase 1: Strategische Ziele und Randbedingungen 59
3.2.2 Phase 2: Informieren und Feedbackdaten erheben 61
3.2.3 Phase 3: Auswerten und Rückmelden 64
3.2.4 Phase 4: Folgemaßnahmen 67

4 Vorgehen und Probleme **76**
4.1 Leitfaden für die erfolgreiche Auswahl von Feedbackverfahren 76
4.2 Exkurs: Steigerung von Informationsgehalt und Akzeptanz der Selbst- und Fremdurteile durch einen erweiterten methodischen Zugang 88
4.3 Fragen und Probleme im Feedbackprozess 91
4.3.1 Probleme bei der Implementierung 91
4.3.2 Schwierige Feedbackkonstellationen und -empfänger 94

5 Fallbeispiele **100**
5.1 Abteilungsleiter Marketing eines Konsumgüter-Unternehmens 101
5.2 Regionaler Vertriebsleiter eines Versicherungsunternehmens 107
5.3 Stabsabteilungsleiterin eines Industriekonzerns 111

6 Ausblick: Zukünftige Trends im 360°-Feedback **117**

7 Literaturempfehlungen **122**

8 Literatur **123**

Karten:

Ziel- und Kontraindikationen des 360°-Feedbacks
Leitfragen für das Feedbackgespräch
Leitfaden für die erfolgreiche Auswahl von Feedbackverfahren
Herausforderungen für die erfolgreiche Einführung und Gestaltung von 360°-Feedbacks

1 Begriff und Konzept des 360°-Feedbacks

There are three things extremely hard: steel, a diamond, and to know one's self.
(Benjamin Franklin, 1750)

1.1 Bezeichnung

Der Begriff des „360°-Feedback"

Der Begriff des „360°-Feedback" bezeichnet Verfahrensansätze zur Einschätzung vorrangig von Führungskräften (aber auch Professionals u.a.) aus der Perspektive verschiedener Beurteiler-Gruppen (v.a. Vorgesetzte, Kollegen, Mitarbeiter und Selbst). 360°-Feedbacks dienen überwiegend der Entwicklung der im Mittelpunkt stehenden Personen (Fokuspersonen) und sollen dazu beitragen, deren Kompetenzen im Sinne eines aktuellen oder zukünftig gewünschten Anforderungsprofils entfalten zu helfen. Hierzu wird jede Fokusperson auf einer Anzahl von tätigkeitsrelevanten Kompetenzen eingeschätzt (Fremdbeurteilungen), um aus den daraus zu erstellenden Urteilsprofilen einen Abgleich mit ihrer eigenen Sicht (Selbstbeurteilung) vorzunehmen.

Das 360°-Feedback, das erst in den 1980er Jahren allmählich aufkam (Fleenor & Prince, 1997, S. 51), erweitert die im deutschen Sprachraum weit verbreiteten Ansätze der Beurteilung einer Führungskraft durch ihren Vorgesetzten („Top-down-Ansatz") und die Beurteilung einer Führungskraft durch ihre Mitarbeiter („Bottom-up-Ansatz") um einen *multiperspektivischen* Zugang. Als Urteilsgeber treten neben die Vorgesetzten und Mitarbeiter der Fokuspersonen auch deren Kolleginnen und Kollegen sowie bei Bedarf auch andere relevante Dritte (z.B. Kunden). Zusätzlich schätzt sich die Fokusperson auch selbst ein.

1.2 Definition

Beurteilung von Kompetenzen und Fähigkeiten

Das *360°-Feedback* lässt sich als systematischer Einschätzungsprozess von relevanten Personen (zumeist Führungskräften) einer Organisation auffassen. Die Beurteilung ist multiperspektivisch angelegt und berücksichtigt zusätzlich zur Selbsteinschätzung der Fokusperson verschiedene Gruppen aus deren Arbeitsumgebung (normalerweise sind dies ihre Vorgesetzten, Kollegen und Mitarbeiter). Die Feedbackpraxis im deutschsprachigen Raum sieht die Freiwilligkeit der Teilnahme als essenziellen Baustein für erfolgreiche Feedbackprozesse an. Das Feedback bezieht sich auf tätigkeitsbezogene Kompetenzen, Fähigkeiten oder auch Verhaltensstile von

Fokuspersonen. Als Methode wird in der Regel die Form der überwiegend standardisierten Befragung gewählt, wobei die ursprünglichen schriftlichen Formen inzwischen zunehmend durch internet- bzw. intranetgestützte Applikationen abgelöst worden sind. In der Phase der Befragung erfolgt die Einschätzung in meist anonymer Form, in der Phase der Rückmeldung kann die Anonymität aufgehoben werden, z.B. wenn in Workshops die Ergebnisse zwischen der Fokusperson und ihren Feedbackgebern aufgearbeitet werden. Im Sinne eines Best-Practice-Ansatzes ist das Feedback in ein Management- oder Führungskräfte-Entwicklungsprogramm eingebettet.

Quellen der Beurteilung

Als *Quellen* der Beurteilung (Rückmeldung) kommen Personengruppen (Feedbackgeber) infrage, die mit der Fokusperson (Feedbacknehmer) in kontinuierlichem Kontakt stehen und diese vergleichsweise zuverlässig beurteilen können:

1. die Vorgesetzten des Feedbacknehmers (vertikales Feedback von oben),
2. seine Kollegen (horizontales Feedback von der Seite),
3. seine Mitarbeiter (vertikales Feedback von unten),
4. Kooperations- oder Projektpartner im eigenen Unternehmen (dispers),
5. Kunden und/oder Zulieferer und schließlich
6. die oder der Beurteilte selbst.

Die Winkelgeometrie des 360°-Feedbacks

In der Praxis aber werden in der Regel nicht alle oben genannten Beurteiler-Gruppen einbezogen. Der hierzulande am stärksten verbreitete Feedbackansatz stützt sich idealtypisch auf die Urteile der Vorgesetzten, Kollegen und Mitarbeiter sowie auf die Selbsteinschätzung der oder des Beurteilten (siehe Abbildung 1). Jeder dieser vier Gruppen wird in der Terminologie der Winkelgeometrie ein Kreisanteil von jeweils 90° zugewiesen, sodass sich die 360°-Perspektive ergibt. Feedbackvarianten, die weniger als vier Urteiler-Gruppen einbeziehen, müssten demnach streng genommen entsprechend anders bezeichnet werden (z.B. als „270°-Feedback", wenn lediglich Vorgesetzte, Mitarbeiter und das Selbsturteil berücksichtigt werden). Der Prägnanz und der kommunikativen Wirkung wegen, die mit der Kreismetapher „360°" verbunden sind, verzichten Anwender jedoch gemeinhin auf eine perspektivenstimmige Begriffsabwandlung.

Multiperspektive beugt verzerrenden Einschätzungen vor

Da das 360°-Feedback bzw. entsprechende Feedbacksysteme die Rückmeldung aus mehreren unterschiedlichen Personenquellen vorsehen, eröffnen sie einen multiperspektivischen und multipersonalen Zugang zur Wirkung der in Rede stehenden Fokusperson auf andere. Mit diesem *Rundum-Charakter* der Einschätzung soll möglichen Verzerrungen einer einseitigen, womöglich interessengebundenen Sichtweise nur einer Gruppe von Beurteilern entgegengetreten werden – denn gute Noten nur von einer Seite sagen längst nicht immer die ganze Wahrheit. Eine vollständigere Wahrheit ist fraglos die (eben multiperspektivische) „Wahrheit im Plural" (Sarges, 2007) oder um es existenzphilosophisch auszudrücken: „Wahrheit gibt es nur zu zweien" (Arendt, 2013).

Im Übrigen dürfte nicht zuletzt der Feminismus die zentrale Bedeutung des persönlichen Standpunkts verankert haben. Unterschiedliche Menschen in unterschiedlicher Position oder Rolle sehen die Welt unter Umständen verschieden. Daher sollte eine Pluralität der Perspektiven die häufig noch konkurrierende Forderung nach einer singulären „Objektivität" endlich ersetzen (Solomon & Higgins, 2000, S. 231). Anders ausgedrückt: „The ... judgment of knowledgeable others provides the best available point of reference ... for assessing someone's personality" (Hofstee, 1994, S. 149).

Feedback als Quelle des Lernens

Neben dem multiperspektivischen Zugang ist der Aspekt des *Feedbacks* das zweite zentrale Bestimmungsstück. Feedback ist nämlich ein Schlüssel für die fortlaufende Verbesserung der Effektivität einer Führungskraft, dennoch ist es nach wie vor noch eher ein seltenes Ereignis im täglichen Leben innerhalb von Organisationen (Leslie, 2013, S. 1). Führungskräfte erhalten zwar Rückmeldungen aus ihrer täglichen Arbeitsumgebung, diese beziehen sich jedoch überwiegend auf das Erreichen von Zielen oder auf die ihnen zugeschriebenen Leistungen, weniger jedoch auf die Wirkung ihres *Verhaltens*. Bisweilen erhalten sie ein Feedback auch „über Umwege" von Personen, mit denen sie gar nicht in einem direkten Tätigkeitskontext stehen, etwa in der Art „ich habe von Herrn X gehört, dass er große Stücke auf Sie hält". Oft wissen sie also gar nicht, wie sie von anderen gesehen werden. Top-Manager

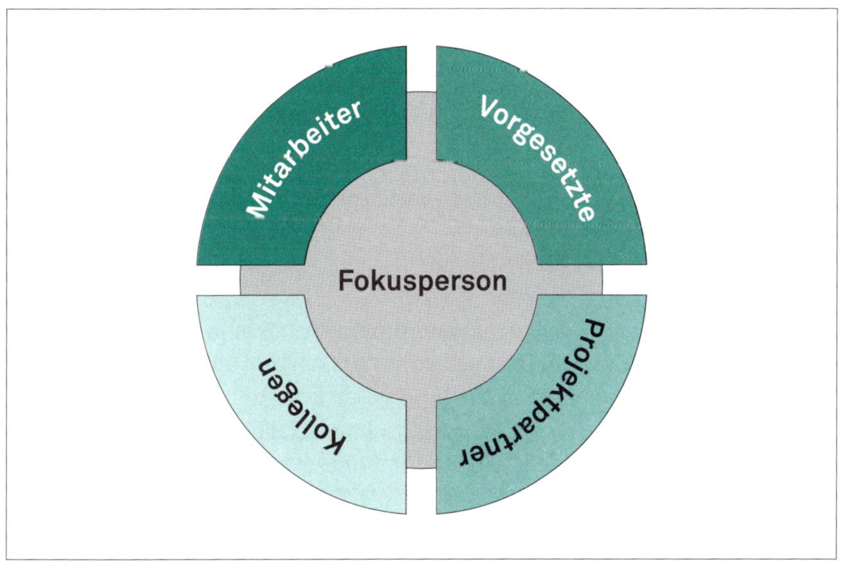

Abbildung 1: Urteiler-Gruppen im 360°-Feedback

müssen zudem damit rechnen, dass sie, wenn sie im direkten Gespräch um Rückmeldung bezüglich ihres eigenen Führungsstils bitten, z. T. recht geschönte (diplomatische) Antworten erhalten. Unstrittig ist demgegenüber der Wert von *validem* Feedback: In der Regel ist es eine wirksame Quelle für Lernen und Verbesserung (siehe Kluger & DeNisi, 1996) auch und gerade im Bereich von Verhaltensoptimierungen („Feedback is the breakfast for champions"; Blanchard, 2009). Feedback stimuliert die Selbstentwicklung (nicht nur) von Führungskräften, indem es auf mögliche blinde Flecken in der Selbstwahrnehmung weist und somit Reflexionsprozesse in Gang setzen kann.

Bei der Analyse von Eindrucksvergleichen von Selbst- und Fremdbildern können sich diagnostisch höchst aufschlussreiche Konstellationen ergeben. Schon die beiden möglichen Befundmuster, dass das Selbsturteil und zugehörige Fremdurteile bei fast allen Beurteiler-Gruppen (etwa bei Vorgesetzten, Kollegen, Mitarbeitern, Kunden) übereinstimmen, oder umgekehrt: voneinander abweichen, besitzen hohe Erklärungskraft bei wichtigen Erfolgskriterien. Aber auch filigranere Konkordanzen und Diskordanzen bei den Selbst- und diversen Fremdurteilen können eignungsdiagnostisch (für Selektion oder Platzierung) und interventionsbezogen (für Entwicklungsmaßnahmen, z. B. Coachings) sehr aufschlussreich sein (Sarges, 2007).

1.3 Abgrenzung zu ähnlichen Begriffen/Konzepten

Das *360°-Feedback* gehört zum Inventar der psychologisch fundierten Personalentwicklungs- und -beurteilungsinstrumente. Auf der Ebene der Verfahrensbezeichnung zeigen vor allem das *„Multisource Feedback"* (MSF; London & Smither, 1995) oder das *„Multi-Rater Feedback"* (MRF; Bracken, Dalton, Jako, McCauley & Pollman, 1997) erhebliche Überschneidungen mit dem 360°-Feedback.

Multisource Feedback als übergreifender Ansatz

Das MSF ist als der allgemeinere, übergreifende (Begriffs-)Ansatz aufzufassen, mit dem darauf hingewiesen wird, dass das Verhalten einer Fokusperson aus *mehr* als einer Quelle („source") beurteilt wird. Insofern stellt das 360°-Feedback eine spezifische Variante des MSF dar, bei der die Urteile strenggenommen aus vier Quellen stammen (wobei in uneinheitlicher Praxis die Urteile der Fokusperson selbst bei manchen Anwendern mit einem 90°-Anteil in die Winkelgeometrie eingehen, bei anderen wiederum nicht). Ähnlich verhält es sich mit dem Vergleich zum MRF. Hier enthält die Namensbezeichnung den Hinweis, dass die Beurteilung von *mehreren* Beurteilern („rater") vorgenommen wird. „MSF" und „MRF" finden als Verfahrensbezeichnungen im deutschen Sprachraum kaum Verwendung. Als weitere, vor allem im Angloamerikanischen gebräuchliche, Verfahrensbezeichnungen finden sich die Begriffe „Multi-Rater Assessment" und „Full Circle Appraisal". In der Literatur, dem Personalmanagement der Unternehmen sowie der Beratungspraxis hat sich indes der Begriff des 360°-Feedbacks durchgesetzt (vgl. z. B. das Sammelwerk von Leslie, 2013).

Feedback im Dienste der Führungskräfteentwicklung

Die genannten Ansätze des 360°-Feedbacks, des MSF und des MRF legen den Fokus auf verhaltens- und leistungsbezogene Rückmeldungen als entwicklungsstimulierenden Anreiz. Sie fühlen sich vor allem dem Gedanken der Führungskräfte*entwicklung* verpflichtet, auch wenn mancherorts eine Verzahnung dieser mit der Funktion der *Leistungs*beurteilung im Rahmen sogenannter „Performance Measurement- und Management-Systeme" zu beobachten ist (exemplarisch: Lüdi & Wenger, 2005).

Der Begriff des 360°-Feedbacks steht eher für eine offene Verfahrensphilosophie, als dass er ein in sich streng abgeschlossenes „monolithisches" Beurteilungskonzept bezeichnet. Im Übrigen: Die im 360°-Feedback herangezogenen Urteilsquellen und -arten – d. h. Selbst-, Vorgesetzten-, Kollegen- und Mitarbeiterurteile – sind durchaus alte Vertraute (Sarges, 1990, S. 529 ff.). Neueren Datums ist lediglich die Bezeichnung 360°-Feedback. Erst als dieser bildhafte Begriff die verschiedenen Urteilsperspektiven griffig zusammenfasste und Feedbackinformationen als Ziel nannte, begann die beachtliche Verbreitung des Verfahrens – fraglos auch getragen von einem dafür günstigen Zeitgeist. Gleichwohl lässt sich das 360°-Feedback vor allem hinsichtlich seiner Funktion als auch seiner Zielrichtung von verschiedenen verwandten Verfahrensansätzen unterscheiden.

Alternative Verfahren

Die in der Praxis wichtigsten, alternativen Verfahrensgruppen zum 360°-Feedback sind in Tabelle 1 aufgeführt. In der Nähe des 360°-Feedbacks ist die *Vorgesetzten- bzw. Aufwärtsbeurteilung* angesiedelt, die quasi als deren historischer Vorläufer anzusehen ist (Reinecke, 1983). Die Funktion der Vorgesetzten- bzw. Aufwärtsbeurteilung besteht vor allem darin, die Führungsleistung von Vorgesetzten zu verbessern, indem man einen unternehmensweiten Dialog über Fragen der Führung in Gang setzt (Domsch, 1999; Fecher, 1995; Freimuth & Kiefer, 1995). Die Zielsetzungen einer Vorgesetztenbeurteilung können über-

Vorgesetztenbeurteilung

dies sehr vielfältig sein, von der Kontrolle der Entwicklung angemahnter Veränderungen bei Führungskräften, über den Gedanken der Teamentwicklung bis hin zur Verbesserung der Leistung (Domsch & Ladwig, 1995, S. 24). Die Funktion der Entwicklung von führungsbezogenem Verhalten teilt die Vorgesetztenbeurteilung mit dem 360°-Feedback. Der zusätzliche Nutzen von 360°-Feedbacks oder entsprechenden Systemen gegenüber einer bloßen Vorgesetzten- bzw. Aufwärtsbeurteilung besteht darin, Führungskräften die Möglichkeit zu geben, Rückmeldung aus *unterschiedlichen* Quellen und Perspektiven zu erhalten. Gerade die Zusammenschau der unterschiedlichen Wahrnehmungen von Mitarbeitern, Kollegen, Vorgesetzten und evtl. auch Kunden ist es, die ein umfassenderes Bild über die eigenen Stärken, aber auch über mögliche Schwächen (euphemisch: Entwicklungsbedarfe) erzeugt.

Tabelle 1: 360°-Feedback und Verfahrensansätze der Personalbeurteilung

Verfahren	Kurzbeschreibung und Funktion	Merkmale des Beurteilungsprozesses
360°-Feedback	• Diagnose und tendenziell dialogorientierte Rückmeldung von Urteilen oder Einschätzungen bezüglich der Führungs*kompetenzen* und des Führungs*verhaltens* aus der Umgebung der Zielperson • *Funktion*: überwiegend Potenzialentwicklung durch Rückkopplung von Selbst- und Fremdwahrnehmung; auch zur Potenzialanalyse und Leistungsbeurteilung, seltener zur Entgeltfindung	• Urteile: schriftlich auf der Basis von Fragebögen • Teilnahme der Zielpersonen: überwiegend freiwillig • Beurteilungsrichtung: horizontal und vertikal • Beurteilungsbeiträge: bleiben weitgehend anonym
Vorgesetzten- bzw. Aufwärtsbeurteilung; Vorgesetztenfeedback	• Erfassung und Auswertung von Einschätzungen der Mitarbeiter bezüglich des Führungsverhaltens • *Funktion*: primär zur Verbesserung der Führungsleistung und Potenzialentwicklung; auch zur Unterstützung für Personalentscheidungen; Organisationsentwicklung im Sinne der Umsetzung von unternehmensspezifischen Leitbildern von partizipativer Führung und Zusammenarbeit	• Urteile: schriftlich auf der Basis von Fragebögen • Teilnahme der Zielpersonen: überwiegend freiwillig • Beurteilungsrichtung: vertikal von unten nach oben • Beurteilungsbeiträge: bleiben weitgehend anonym
Personal- bzw. Leistungsbeurteilung	• Erfassung und Auswertung von Beurteilungen durch den Vorgesetzten bezüglich der Zielerreichung und erbrachter *Leistungen* von Mitarbeitern • *Funktion*: Unterstützung für Personalentscheidungen (Selektion, Beförderung) sowie zur Entgeltfindung	• Urteile: schriftlich auf der Basis von Kriterienlisten und Fragebögen • Teilnahme der Zielpersonen: verbindlich geregelt • Beurteilungsrichtung: vertikal von oben nach unten • Beurteilungsbeiträge: eindeutig einem bestimmten Beurteiler zuordenbar
Management-Audit	• systematische Erfassung der Managementleistung und des vermutbaren Potenzials auf der Basis eines Kriterienkatalogs • *Funktion*: umfassende Bewertung des Managements zur personal- und unternehmensbezogenen Entscheidungshilfe für die Unternehmensführung und Investoren	• Urteile: auf der Basis von Gesprächen, Hearings, auch fragebogengestützt • Teilnahme der Zielpersonen: verbindlich • Beurteilungsrichtung: horizontal und vertikal • Beurteilungsbeiträge: bleiben nur z.T. anonym

Management-Audit

Die deutlichsten Unterschiede lassen sich zu Verfahren der *Personal- bzw. Leistungsbeurteilung* sowie zum *Management-Audit* ausmachen. Bei der Personal- und Leistungsbeurteilung steht weniger das Führungsverhalten im Mittelpunkt als vielmehr der Grad der erreichten Ziele, d.h. das Ergebnis des Führungsverhaltens (Becker & Fallgatter, 1998). Sie liefert wichtige Informationen für Personalentscheidungen und dient u.a. der Gehaltsfindung oder der Entscheidungsfindung im Zusammenhang mit Beförderungen (Murphy & Cleveland, 1995, S. 88f.; vgl. auch Lohaus, 2009).

Management-Audit im Dienst der Leistungsbeurteilung

Auch das Management-Audit zeigt deutliche Unterschiede zum 360°-Feedback. Es steht in der Tradition der klassischen Leistungs- und Potenzialbeurteilung und soll der Unternehmensleitung relevante Informationen für *Entscheidungen* zur Besetzung wichtiger Positionen an die Hand geben (Craig-Cooper & de Backer, 1993; Walsh, 1996). Die Auditierung des Managements (d.h. der Führungskräfte) wird zumeist in die Hände externer Berater gelegt. Diese verschaffen sich ein Bild der Leistung und des Potenzials aller Führungskräfte eines Bereichs der Organisation, indem sie Gespräche mit jeder einzelnen Führungskraft führen, Gruppendiskussionen und Hearings initiieren und z.T. Cross-checks der erhaltenen Informationen betreiben (Samland, 2001). Schließlich geben sie Urteile ab, indem sie jede Führungskraft in sogenannte Personal-Portfolios leistungs- und potenzialmäßig einordnen (Erdenberger, 1999). Insgesamt steht folglich beim Management-Audit – im Gegensatz zum 360°-Feedback – eher der Beurteilungs- als der Entwicklungscharakter im Vordergrund (vgl. Sarges & Westermann, 2013; Sarges, 2013c).

Indes: Eine Reihe von aktuellen Unternehmens- und Beratungsbeispielen zeigt, dass die Grenzen nicht so streng gezogen werden und eine zunehmende Flexibilisierung der Beurteilungs- und der Entwicklungskultur für Führungskräfte auszumachen ist. Zum Beispiel werden im Rahmen von breiter angelegten Management-Audits hier und da schon 360°-Feedbacks mit dem Ziel durchgeführt, eine validere und akzeptierbarere Diagnose der Fähigkeiten und Kompetenzen der vorhandenen Führungskräfte zu erstellen.

1.4 Bedeutung für das Personalmanagement

Verbreitung des 360°-Feedbacks

Deutsche Unternehmen wenden erhebliche Mittel zur Qualifizierung und Entwicklung ihrer Mitarbeiterinnen und Mitarbeiter auf. So werden für das Jahr 2013 im Rahmen der betrieblichen Weiterbildung der Unternehmen Ausgaben von 33,5 Mrd. Euro berichtet (Institut der deutschen Wirtschaft – iwd, 2014, S. 1). Davon entfallen rund 13 % auf Maßnahmen der individuellen „Entwicklungsplanung und Förderung für Fach- und Führungskräfte“ (iwd, 2015, S. 8), mithin den Bereich der Weiterbildung, in den auch der Einsatz von Feedbacksystemen einzuordnen ist. Zur Weiterentwicklung der Mitarbeiterinnen und Mitarbeiter in Firmen „gehört ein regelmäßiges und systematisches Feedback, das andere Arbeitnehmer oft nur vom Hörensagen kennen" (Amann et al., 2016, S. 78).

Hinsichtlich der Verbreitung und Akzeptanz von 360°-Feedback-Systemen im deutschsprachigen Raum gibt es bislang nur vage Angaben bzw. vorsichtige Schätzungen. In einer älteren Befragung aus dem Jahr 1999 bei 32 deutschen Unternehmen (überwiegend mit mehr als 1 000 Beschäftigten) gaben 11 Personalverantwortliche an, dass sie in ihrem Unternehmen bereits ein 360°-Feedback-System eingeführt hatten (Harss & Maier, 1999). Die übrigen Befragten berichteten von konkreten Erfahrungen aus Pilotprojekten oder planten die Einführung solcher Systeme. In der Zwischenzeit hat sich trotz vielfältiger Bedenken der Trend zur Einführung von Feedbacksystemen, die über eine reine Vorgesetztenbeurteilung hinausgehen, verstärkt. Nach Erkenntnissen der Verfasser setzen mittlerweile mehr als die Hälfte der deutschen DAX-Unternehmen ein mehr oder weniger „klassisches" 360°-Feedback ein. Auch in mittelständischen Unternehmen ist das Verfahren verbreitet, zudem führen es auch öffentliche Organisationen und Dienstleister ein. Es sei dahingestellt, ob man, wie manche Autoren dies tun, die zunehmende Verbreitung von Feedbacksystemen in einen Zusammenhang mit der „Demokratisierung von Unternehmen" stellen möchte (Freimuth & Asbahr, 2002, S. 79), oder ob man dies nicht eher – zugegeben weniger romantisierend – dem gestiegenen Wettbewerbsdruck zuschreiben möchte.

Auf große Akzeptanz stößt das Verfahren traditionell in US-amerikanischen Unternehmen und mittlerweile auch in angelsächsischen. So berichtet Romano (1994) von einer Schätzung der Beratungsfirma „Personnel Decisions International" (PDI), der zufolge amerikanische Unternehmen bereits im Jahr 1992 152 Millionen Dollar für die Beratung von MSF (siehe Abschnitt 1.3) ausgegeben haben. Genaueren Aufschluss über Verbreitung und Funktion von 360°-Feedbacks geben drei Studien, zwei davon stammen aus den 1990er Jahren und dürften daher eher von historischem Wert sein (Geake, Oliver & Farrell, 1998; London & Smither, 1995), eine aus dem Jahr 2013 (3D Group, 2013). Nach der Studie von Geake et al., die sich auf die Situation in insgesamt 216 britischen Unternehmen bezieht, setzten seinerzeit 47 % der befragten Unternehmen ein 360°-Feedback ein, wobei die Einführung ganz überwiegend in der Funktion der Personalentwicklung stand. Die Studie von London und Smither stützt sich auf Auskünfte der 20 größten US-amerikanischen Beratungsfirmen und Anbieter von 360°-Systemen. Demnach hatten 10 der befragten Beratungsfirmen ihr Feedbackverfahren an über 100 Unternehmen/Organisationen verkauft. Zudem setzten 50 % ihrer Kunden das System ausschließlich zur Personalentwicklung ein, die anderen 50 % teils zu Entwicklungs-, teils zu administrativen Zwecken. Die aktuelle Studie der 3D Group (2013) stützt sich auf die Situation in nordamerikanischen

Unternehmen, befragt wurden deren HR-Verantwortliche. Das Spektrum der Unternehmensgröße reicht von klein (1 bis 100 Beschäftigte) bis sehr groß (über 100 000 Beschäftigte). Die wichtigsten Ergebnisse sind in Tabelle 2 dargestellt und lassen sich wie folgt zusammenfassen:

- Knapp ein Drittel der Befragten gibt an, dass der Einsatz des Feedbacksystems in ihrem Unternehmen sowohl in der Funktion des Personalentwicklungsgedankens als auch zum Zweck von Personalentscheidungen erfolgt; ein vergleichsweise hoher Prozentsatz (37 %) der vom Feedback adressierten Fokuspersonen entscheidet selbständig über die Weiterungen aus dem Feedback, d.h. ob sie und ggf. welche Maßnahmen sie auf der Basis der Ergebnisse einleiten.

Tabelle 2: Verbreitung und Funktion des 360°-Feedbacks in nordamerikanischen Unternehmen

Kriterium	Attribute
Funktion des Einsatzes von Feedbacksystemen	• zur Personalentwicklung *und* für Personalentscheidungen: 29 % • ausschließlich für Personalentscheidungen: 2 % • Fokusperson als selbstbestimmter Besitzer des Feedbacks: 37 % • zur Entwicklungsplanung: 32 %
Zielgruppen (Feedbacknehmer)	• Manager: 48 % • leitende Führungskräfte: 43 % • alle Führungskräfte: 34 % • alle Mitarbeiterinnen/Mitarbeiter: 24 % (Mehrfachnennungen möglich)
Frequenz des Einsatzes	• bei Bedarf: 38 % • jährlich: 44 % • alle zwei Jahre: 11 % • andere: 8 %
Auswahl der Feedbackgeber durch ...	• Fokuspersonen in Abstimmung mit Vorgesetzten: 42 % • Fokusperson allein: 17 % • Personalabteilung: 25 % • Management: 10 %
Unterstützende Angebote	• Entwicklungsplan erstellen mit Vorgesetztem: 65 % • individuelles Coaching: 60 % • Aktionsplan erstellen: 41 % • Workshops/Trainings – live: 37 % • Workshops/Trainings – online: 32 % • Ressourcen-Bibliothek: 26 % • keine: 7 % (Mehrfachnennungen möglich)

Anmerkungen: Quelle: 3D Group, 2013, S. 9 ff.; Daten beziehen sich auf das Jahr 2013.

- Das Feedbackangebot richtet sich wesentlich an Manager und Führungskräfte; nur 24 % der HR-Verantwortlichen geben an, dass dies allen Mitarbeiterinnen und Mitarbeitern offensteht.
- Circa zwei Drittel der Befragten geben an, dass das Erstellen eines persönlichen Entwicklungsplans – als unmittelbarer Schritt nach der Diskussion der Feedbackergebnisse – in Abstimmung mit dem Vorgesetzten erfolgt; diese Vorgehensweise steht nach den Erfahrungen der Verfasser im Gegensatz zur Praxis in deutschen Unternehmen, als Partner werden hier eher externe Beraterinnen und Berater oder Mitarbeiter der HR-Abteilung hinzugezogen.

Man mag ernüchtert feststellen, dass die Evaluation von Trainings- und Weiterbildungsangeboten in Unternehmen und Organisationen eher die Ausnahme darstellt (Kaiser & Curphy, 2013, S. 296). Die Erwartung einer Wirksamkeit von Feedbacksystemen wird unter anderem auch aus der Problematik traditioneller Personalentwicklungs- und Weiterbildungspraktiken gespeist. Denn es hat sich gezeigt, dass die über viele Jahre praktizierten Konzepte der (insbesondere seminaristischen) Weiterbildung nur teilweise die erhoffte Wirkung zeigen. So kommen Staudt und Kriegesmann (1999, S. 50) zu dem kritischen Fazit, dass ein substanzieller Wirkungsgrad von Weiterbildungsveranstaltungen nur etwa bei 50 % liegt (allerdings darf man hier zugleich skeptisch einwenden, dass es hinsichtlich der Operationalisierung des Bildungserfolgs durchaus unterschiedliche Konzeptionen geben dürfte). Demnach wird im Mittel nur die Hälfte der angestrebten Effekte von Weiterbildungen erreicht. Inwiefern nun sind Feedbacksysteme geeignet, den Wirkungsgrad zu verbessern?

Merkmale von Förderprogrammen

Betrachten wir z. B. die Gruppe der *Führungsnachwuchskräfte*, so sind für die von den Unternehmen installierten Förderprogramme unter anderem folgende drei Merkmale typisch:

1. das Programm ist für den Kreis der ausgewählten Nachwuchskräfte *obligatorisch*;
2. es verzichtet in der Regel auf eine auf die Person (oder Persönlichkeit) *individuell* zugeschnittene Struktur bzw. Schwerpunktsetzung und
3. die Veranstaltungen finden *„off the job“* statt.

360°-Feedback zur effizienteren Gestaltung von Förderprogrammen

In Bezug auf die ersten beiden Merkmale bieten 360°-Feedback-Systeme dem Personalmanagement die Chance, Programme effizienter zu gestalten und zu nutzen, indem sie bereits in der Phase der Entscheidung über die Teilnahme eine Diagnosefunktion im Sinne einer Potenzialanalyse übernehmen. Damit verbunden sind zugleich das Problem der Nachwuchsplanung und die Frage, wer von den infrage kommenden Personen überhaupt in ein Förderprogramm entsendet werden soll, um später Führungsaufgaben zu übernehmen. Hier verlassen sich viele Unternehmen allein auf die Eindrücke und Empfehlungen lediglich der direkten Vorgesetzten, anstatt auch andere Personengruppen (Mitarbeiter, Kollegen usw.) als Urteilsquellen einzubeziehen und so ein umfassenderes Verhaltensbild zu erhalten.

Unterstützung der Potenzialdiagnose

Im Verbund mit anderen erprobten Verfahren wie etwa dem Assessment Center (AC) sind 360°-Feedbacks in besonderer Weise geeignet, dem Personalmanagement entscheidungsdienliche Erkenntnisse über das Potenzial von Kandidaten bereitzustellen. Prominente Vertreter aus der Psychologie gehen sogar davon aus, dass es gerade die Kompetenzurteile der Mitarbeiterinnen und Mitarbeiter über ihre Vorgesetzten sind, die deren Performance vorherzusagen in der Lage sind. Die vorgesetztenbezogenen Mitarbeiterurteile sind sogar ein sehr guter Prädiktor für die Teamleistung insgesamt (Hogan, 2014). Ein Potenzialbereich, der besonders gut über ein Feedback abgeklärt werden kann, ist z. B. der Bereich der sozialen Kompetenzen (Konfliktfähigkeit, Teamführung, Integrität etc.; vgl. Kanning, 2015). Wie jemand mit anderen umgeht, in Teams zusammenarbeitet oder sie zielbezogen beeinflusst, lässt sich durch seine Umgebung relativ zuverlässig beobachten und damit auch einschätzen.

Förderprogramme passgenau zuschneiden

Die Ergebnisse des Feedbacks können nicht nur dazu herangezogen werden, um zu entscheiden, *wer* in ein Programm entsendet wird, sondern auch, *welche* Kompetenzfelder dort für sie oder ihn besonders behandelt und entwickelt werden sollten – und welche nicht. Eine möglichst eingehende Bedarfsanalyse wird denn auch als bedeutsam für den Erfolg von Weiterbildungsmaßnahmen im weitesten Sinne betrachtet (Meißner, 2012, S. 251). Eine Person beispielsweise, die über das Feedback von Vorgesetzten und Kollegen als stark in „Teamführung und Zusammenarbeit“ ausgewiesen wird, muss nicht zwingend einen entsprechenden Seminarbaustein durchlaufen, sondern kann stattdessen ihre zeitlichen Kapazitäten für vordringlichere Entwicklungsfelder nutzen. Das Feedback eröffnet demnach die Möglichkeit, ein Förderprogramm *passgenauer* auf die vorhandenen oder zu entwickelnden Personen-Kompetenzen zuzuschneiden, womit zugleich die unternehmensseitig aufgewendeten Mittel effizienter eingesetzt werden.

Transferprobleme traditioneller Entwicklungskonzepte

Das dritte Merkmal von traditionellen Management-Entwicklungskonzepten, das des Lernens „off the job“ (d. h. außerhalb der angestammten beruflichen Umgebung), betrifft das sogenannte Transferproblem, d. h. die Frage, inwieweit die Teilnehmerinnen und Teilnehmer die in Seminarveranstaltungen oder Trainings erworbenen Fähigkeiten in den eigenen beruflichen Tätigkeitszusammenhang zu übertragen in der Lage sind (vgl. zum Transferbegriff Mandl, Prenzel & Gräsel, 1992). Transferprobleme können den Erfolg von Entwicklungsmaßnahmen ernsthaft gefährden und stellen somit das Personalmanagement vor eine große Herausforderung. Zur Vermeidung von Transferproblemen bzw. für einen erfolgreichen Transfer spielen nicht nur die kognitiven Fähigkeiten der Teilnehmer eine bedeutsame Rolle (Blume, Ford, Baldwin & Huang, 2010, S. 1080). Auch eine unterstützende Umgebung sowie ein positives Klima wirken sich förderlich aus (ebd., S. 1081).

Entwicklung durch Feedback „on the job“

In diesem Zusammenhang bieten Feedbackprozesse eine interessante Alternative: Sie können die Basis für eine nachhaltige Entwicklung bereiten, da die Rückmeldung dem unmittelbaren Tätigkeitsumfeld entstammt und den Adressaten auch „on the job“ erreicht. Der Anreiz zur Entwicklung stammt somit aus dem Umfeld selbst (Mitarbeiter, Kollegen, Vorgesetzte), und die Entwicklung der Person – als Transferleistung vom Feedback in konkrete berufliche Situationen – kann und soll durch das Umfeld unterstützend begleitet werden. Möglicherweise ist es gerade der konkrete Tätigkeitsbezug, der dafür verantwortlich ist, dass (auch kritisches) Feedback von der Mehrheit der Führungskräfte offenbar akzeptiert wird (Facteau, Facteau, Schoel, Russell & Poteet, 1998, S. 437ff.; selbstredend stellt sich der Erfolg von Feedbackprozessen nicht automatisch ein, sondern ist von entsprechenden Randbedingungen abhängig; siehe dazu ausführlich Abschnitt 3.1).

Feedback als Notwendigkeit bzw. Chance zur Verbesserung der Wettbewerbsfähigkeit

Eine nachhaltige Kompetenzentwicklung ist somit das Ergebnis einer kontinuierlichen Rückkopplung an die berufliche Umgebung und die sie tragenden Personen. Ohne Zweifel bergen solche Rückkopplungen „on the job“, d.h. die Veränderung des Verhaltens aufgrund von Feedback, weitere Entwicklungspotenziale in sich. Diese betreffen vor allem die Wettbewerbsfähigkeit des Unternehmens. In dem Maße nämlich, wie Führungskräfte Veränderungswünsche von außen im Zuge von Feedbackprozessen wahrzunehmen lernen und Veränderungen (in die gewünschte Richtung) auch durch das Umfeld im Sinne einer positiven Verstärkung anerkannt werden, dürfte das Unternehmen insgesamt seine Fähigkeit verbessern, Bedürfnisse oder Veränderungen derselben auf ihren Märkten zu realisieren sowie entsprechend zu reagieren.

Diese Fähigkeit des Lernens und sich Veränderns ist in dynamischen, globalen Umgebungen bereits jetzt ein eminent wichtiger Faktor für den Erfolg eines Unternehmens (vgl. „Lernpotenzial als Metakompetenz“; Sarges, 2013b, S. 481ff.). Ihre Bedeutung kann wohl kaum überschätzt werden: „Our people have to be competitive, and if they can't change fast enough, as fast as our industry ... Good Bye“ (John Akers, ehemaliger CEO IBM; zit. nach McCall, 1997, S. 161). Sie ist z.B. besonders wichtig, um sich frühzeitig an veränderte Kundenbedarfe anzupassen, veränderte Wettbewerbsbedingungen und neue Konkurrenten auszumachen oder Vertriebskanäle zu optimieren. Wegen ihres Veränderungsanliegens werden 360°-Feedbacks daher nicht selten auch in „Change-Management-Programmen“, „Total-Quality-Management-Programmen“ o.Ä. eingebettet.

360°-Feedback-Prozesse sollen folglich dem Personalmanagement die Möglichkeit eröffnen,

- den Entwicklungsbedarf von Führungskräften individuell zu diagnostizieren und dadurch Trainingsprogramme passgenauer zuzuschneiden,

- Anreize zu einer nachhaltigen Kompetenzentwicklung „on the job“ zu geben,
- dabei die Lern- und Veränderungsfähigkeit der Beteiligten zu erhöhen,
- Leistungsbeurteilungssysteme und entsprechende Vergütungsmodelle stärker an die Kompetenzentwicklung anzubinden,
- Personalentscheidungen vorzubereiten sowie
- die Nachfolgeplanung zu unterstützen.

1.5 Betrieblicher Nutzen

Frage des Nutzens für die Personalentwicklung und die Organisation

Ist der ökonomische Nutzen von psychologisch fundierten Verfahren für die betriebliche Personalauswahl inzwischen hinlänglich belegt (siehe Görlich, 2013; Funke & Barthel, 1995), so ist dieser Nachweis für den Einsatz von Personalentwicklungsverfahren wie dem 360°-Feedback ungleich schwieriger zu führen. Mehr noch: Nur wenige Unternehmen scheinen die Evaluation von Weiterbildungs- oder Trainingsmaßnahmen überhaupt ernsthaft zu betreiben. Avolio, Sosik, Jung und Berson (2003, S. 290) vermuten, dass nur 10 % der Führungskräfte-Entwicklungsprogramme über die Erhebung von Zufriedenheitsurteilen hinaus evaluiert werden. House und Aditya (1997, S. 459) beklagen, dass entgegen der hohen Ausgaben für Führungskräfte-Entwicklungsprogramme wenig über ihre Wirksamkeit bekannt ist.

Andererseits gibt es bemerkenswerte Befunde aus Studien des *Korn Ferry Institutes,* die auf insgesamt 6977 Assessments in weltweit 486 Firmen basieren. Die Assessments testeten auch die Reflexionsfähigkeit der teilnehmenden Führungskräfte: Je höher der Grad der Selbstreflexion war, desto erfolgreicher war das gesamte Unternehmen (Orr, 2012; Landis & Zes, 2013). Dies dürfte wenigstens indirekt für den Nutzwert von 360°-Feedbacks sprechen, denn die dem 360°-Feedback zugrundeliegende Annahme ist ja, dass die Kenntnis der Differenzen zwischen der Selbsteinschätzung einer Person und der von Dritten ihre Selbsterkenntnis erleichtert und ihre Selbstreflexion in Gang setzt. Die dadurch verbesserte Selbsterkenntnis ihrer Stärken und Schwächen motiviert zu persönlicher Weiterentwicklung und verbessert das Leistungsverhalten (siehe auch Kersting, 2016).

Unseres Wissens nach liegen bislang noch keine Studien vor, die etwa den Nutzen von Feedbacksystemen unmittelbar belegen. Solche Studien stünden, abgesehen von den methodischen Herausforderungen (Kontrolle von Störvariablen, sinkende Stichprobengröße durch Drop-out über die Zeit, Schwierigkeit des Einflusses von Kontextvariablen), vor der Aufgabe zu prüfen, ob sich die Teilnehmerinnen und Teilnehmer eines systematischen und kontinuierlichen Feedbackprozesses hinsichtlich zentral wichtiger Fähigkeiten und

Kompetenzen *entwickeln* (d.h. verbessern). Und zwar wäre hier unter Umständen ganz analog zu verfahren wie etwa bei der Nutzenüberprüfung von Personalauswahlinstrumenten (wie dem AC), inwieweit der Feedbackprozess einen tatsächlichen Zuwachs an Nutzen über die gängigen Prozeduren (Führungsseminare, Managementtrainings etc.) hinaus leistet (vgl. dazu auch Görlich, 2013).

Leistungsverbesserung als Nachweis zusätzlichen Nutzens

Stehen Nutzenstudien für den Einsatz von 360°-Feedbacks noch aus, so können zwischenzeitlich die allgemeinen Erfahrungen für Entwicklungsprogramme herangezogen werden. Immerhin bestätigen Avolio, Avey und Quisenberry (2010, S. 643f.), dass Development-Programme einen nachweislichen Nutzen im Sinne des Return-on-Investment-Ansatzes erbringen. Die Autoren heben auch die Bedeutung hochrangiger Führungskräfte für den Nutzen innerhalb der Organisation hervor. Da Top-Führungskräfte in der Regel hochmotiviert seien und eine große Führungsspanne haben, ist eine starke Hebel-Wirkung für den nachgeordneten Bereich zu erwarten.

Zumal Feedbackprozesse nicht unerhebliche Kosten verursachen, wird von ihnen im Ergebnis von betrieblicher Seite zunächst erwartet, dass sie die Fähigkeiten und Kompetenzen der Führungskräfte verbessern. Ein betrieblicher Nutzenzuwachs bzw. dessen Nachweis ist schließlich an eine mittel- und langfristige Leistungsverbesserung geknüpft – eine sowohl aus der Logik des Verfahrens wie aus der Sicht der Organisation durchaus nachvollziehbare Annahme bzw. Forderung. Genau diese Forderung wird von Praktikern wie von Wissenschaftlern immer wieder geltend gemacht: „Das ultimative Kriterium für den Erfolg [eines Multi-Rater-Feedbacks] ist ... definiert als nachhaltige, zielbezogene Verhaltensänderung, die in einer verbesserten Effektivität der Organisation resultiert“ (Bracken, 1997, S. 11; Übersetzung d. Verf.).

2 Theorien und Modelle des 360°-Feedbacks

2.1 Feedback als Katalysator der Entwicklung von Führungskräften

Ein Gedankenexperiment

Um den Stellenwert und die Funktion von Feedback für die berufliche Entwicklung einer Person zu ermessen, kann es lohnend sein, wenn Sie für sich einmal das folgende kleine gedankliche Experiment ausführen: Heben Sie bitte zwei Personen vor Ihr geistiges Auge, die am Anfang ihres Berufsweges mit etwa gleichen Startchancen ausgestattet waren und deren Karriere Sie in weiten Teilen verfolgen konnten.

Die eine Person möge beruflich nicht sonderlich erfolgreich oder gar gescheitert sein, die andere möge mit ungleich größeren Erfolgen und entsprechender Anerkennung belohnt worden sein. Woran hat es nun Ihrer Auffassung nach gelegen, dass die beiden Kandidaten sich so unterschiedlich entwickelt haben? Waren es die verschiedenen Konstellationen in den jeweiligen Unternehmen, fehlende oder hervorragende Aufstiegsmöglichkeiten etwa oder ein wertschätzendes Organisationsklima? Möglicherweise. Vielleicht aber waren es auch andere Umstände, z. B. Veränderungen auf den Märkten, die zu geänderten Personalstrukturen geführt haben, oder auch weichenstellende Kontakte zu wichtigen Dritten.

Beruflicher Erfolg durch Lernen aus Erfahrung

In der Mehrzahl der Fälle dürften Sie die Gründe für unterschiedliche berufliche Entwicklungen vor allem in den betroffenen Personen selbst und ihrem jeweiligen *Umgang* mit konkreten beruflichen Erfahrungen suchen. (Wenn Sie dies tun, sind Sie im Übrigen wahrlich nicht allein, denn wie wir alle begehen Sie hierbei den fundamentalen Attributionsfehler, der darin besteht, den Einfluss personaler Dispositionen zulasten situativer Bedingungen oder des Zufalls zu überschätzen.) Und in der Tat zeigt sich bei eingehender Betrachtung einer Vielzahl untersuchter Karriereverläufe gerade bei Führungskräften, dass ihr beruflicher Erfolg maßgeblich davon abhängt, wie sie aus Erfahrungen lernen. Dabei sind es weniger die alltäglichen, routinisierten Verhaltensabläufe, die zu persönlicher Entwicklung und Wachstum führen, als vielmehr herausfordernde und schwierige Situationen: „The primary vehicle for development is challenging experiences" (McCall, 1997, S. 143). Zusammen mit anderen wichtigen Komponenten lassen sich herausfordernde Situationen in einem Modell abbilden, an dessen Ende wichtige *Lerneinsich-*

ten stehen. Diese wiederum stellen die Essenzen individueller beruflicher Entwicklung dar (siehe Abbildung 2).

Die für das HR-Management wichtigen Ausgangsfragen sind: Wie kommt es zu unterschiedlichen Karriereverläufen von Führungskräften? Aus welchen Gründen kommt die Karriere der einen Führungskraft zum Stillstand oder gar zum Scheitern, aus welchen Gründen gelingt die der anderen (vgl. hierzu auch Westermann & Birkhan, 2013)?

Darüber hinaus scheint sich gerade die Disziplin des „Feedbackgebens" in deutschen Unternehmen (noch immer) nicht gerade großer Beliebtheit zu erfreuen. Zu diesem Ergebnis gelangen wiederholt Gallup-Studien im Zusammenhang mit der Frage der Bindung von Mitarbeiterinnen und Mitarbeitern zu ihrem Unternehmen (siehe das Interview mit dem Gallup-Berater Marco Nink; Backovic & Fischer, 2018). Demnach werden im Zusammenhang mit Leistungs- oder Verhaltenseindrücken vor allem negative Aspekte hervorgehoben („Defizitkultur"). Im Sinne einer alternativen, stärker mitarbeiterorientierten Kultur wird von Gallup vorgeschlagen, dass die Führungskraft für jeden Mitarbeiter auslotet, in welcher Form diese oder dieser eigentlich Feedback benötigt. Dabei dürfen bzw. sollten die gelungenen Aspekte der Zusammenarbeit einen viel stärkeren Platz im Feedback einnehmen („... an den Stärken orientieren").

Lerneinsichten gewinnen durch Reflexion kritischer beruflicher Situationen

Führungskräfte in Unternehmen und öffentlichen Organisationen zeichnen sich häufig durch eine hohe Erfolgsmotivation und den Glauben an sich selbst („Big Ego") aus. Vancouver und Day (2005, S. 159) fassen den grundlegenden Gedanken der Selbststeuerung so zusammen, dass eine starke Überzeugung der eigenen Selbstwirksamkeit mit einem echten Streben nach anspruchsvollen Zielen und einer hohen Bindung an diese einhergeht. Dem-

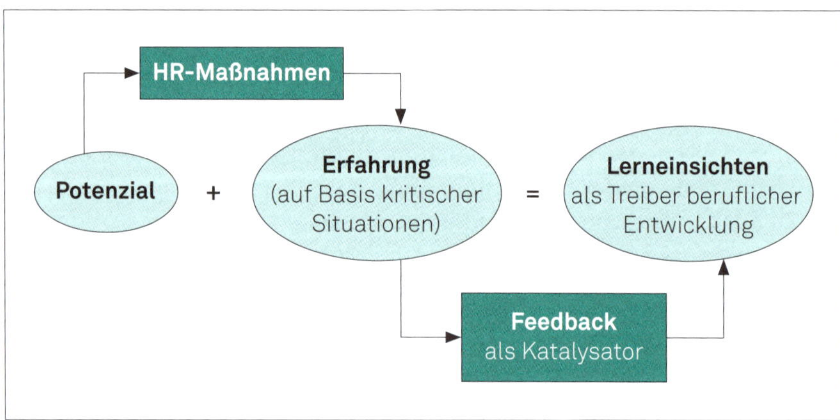

Abbildung 2: Prozessmodell beruflicher Entwicklung: Feedback als Katalysator für Lerneinsichten (mod. nach McCall, 1997, S. 165)

gegenüber lässt sich jedoch auch beobachten, dass gerade erfolgsorientierte Manager (als mehr operative, handlungsorientierte Vertreter der „Spezies Führungskraft") ihre Erfahrungen eher unter dem Aspekt des Erreichens von Leistungszielen betrachten denn als Lernchance für ihre Persönlichkeitsentwicklung (vgl. Nesbit, 2012, S. 205).

Erfolgsorientierung allein dürfte vermutlich für einen erfolgreichen Karriereverlauf von Führungskräften oder Managern nicht hinreichend sein. Empirische Studien zeigen, dass Führungskräfte mit erfolgreichen Karriereverläufen in der Lage sind, gerade aus für sie kritischen Situationen solche Lerneinsichten zu destillieren, die sie zu besonderen Leistungen befähigen (exemplarisch: McCall, Lombardo & Morrison, 1988). Führungskräfte dagegen, deren Karriere von enttäuschten Erwartungen und „Knicks" begleitet ist, gewinnen oft gar keine oder lediglich oberflächliche Einsichten aus kritischen Situationen – häufig geben sie zuallererst anderen die Schuld dafür, dass sie nicht erfolgreich sind. Es fehlt ihnen dann an der nötigen Intelligenz und, da sie Problemen eher defensiv gegenübertreten, oft auch an der erforderlichen Leistungsmotivation. Dieser Mangel in der Fähigkeit, wichtige Einsichten gewinnen zu können, hindert sie daran, außergewöhnliche berufliche Leistungen zu erzielen (McCall, 1997; Spreitzer, McCall & Mahoney, 1997). Die Erfahrungen des Misserfolgs oder gar des Scheiterns als Lerntreiber sind offenbar nicht hinreichend, sie bedürfen einer ausgiebigen Reflexion des „Warum", um schließlich zu Einsichten des „Wie anders" zu gelangen (siehe die entsprechenden Überlegungen bei Tjosvold, 1991, S. 189).

Bedeutung von Management-Potenzial

Den Ausgangspunkt des Modells, an dessen Ende die Lerneinsichten als Treiber beruflicher Entwicklung stehen, bildet das *Potenzial* einer Führungskraft. Unter dem Potenzial verstehen wir eine Kombination von Eigenschaften, Fähigkeiten und Fertigkeiten einer Person, die sie in den Stand versetzt, den an sie gestellten Tätigkeitsanforderungen gerecht zu werden (Sarges, 2000). Darüber hinaus richtet der Begriff den Blick auch und insbesondere auf künftige Anforderungen und bezeichnet das Spektrum der *Möglichkeiten* der Person, mithin quasi das, „was noch in ihr steckt" (Schuler, 2000, S. 54). Oder anders, um das „Management-Potenzial" deutlicher von den üblichen Management-Fähigkeiten zu unterscheiden: Es geht um das Vermögen von Kandidaten, Probleme lösen zu können, die wir heute noch gar nicht kennen oder artikulieren können, indem sie sich kognitiv und motivational rüsten.

Das diesen Überlegungen aus der Praxis der Angewandten Psychologie entsprungene Konzept bzw. Konstrukt „Lernpotenzial" (Sarges, 1993, 1995) bzw. „learning agility", wie die amerikanischen Autoren Lombardo und Eichinger (1996) es kurze Zeit später bezeichneten, ist im Begriff, sich als prominentester und kritischster Personenfaktor für Managementerfolg zu entpuppen, weil organisatorischer und marktbezogener Wandel in unseren turbulenten Zeiten geradezu pausenlos stattfindet (Cavanaugh & Zelin, 2015; De Meuse, Dai & Hallenbeck, 2010).

Nota bene: Es geht bei Lernpotenzial (LP) nicht allein um das *Können* von Lernen (Lernfähigkeit = LF = Intelligenz), sondern eben auch (um nicht zu sagen ganz besonders) um das *Wollen* von Lernen (Lernmotivation = LM), formalisiert im Sinne einer multiplikativen Verknüpfung gemäß der Formel LP = LF × LM (Sarges, 2013b, S. 482). Inhaltlich und verhaltensbezogen meint Lernpotenzial den eigenmotivierten und selbstorganisierten Erwerb der für das Feld des Managements und der Führung erfolgsrelevanten Verhaltens- und Handlungsweisen, die zudem permanenter Veränderung ausgesetzt sind (Sarges, 2013a, S. 951f.). Die erfolgreiche Entfaltung des Potenzials und das Gewinnen von Lerneinsichten dürfte demnach stärker als früher selbstgesteuert und reflexiv angelegt sein.

Kernpotenzial und echter Transfer

Dazu gesellen sich – bislang noch wenig bekannt – wertvolle selbstverstärkende Lerneffekte: Menschen mit höherem Lernpotenzial setzen sich häufiger unterschiedlichen Lernsituationen aus, beherrschen schon dadurch mehr und vielfältigere Aufgaben und profitieren darüber hinaus von entsprechenden („nicht-trivialen") Lerntransfers für noch unbekannte Herausforderungen, was nach deren Bewältigung wiederum zu weiterführenden Transfers führt. Zur begrifflichen Klarstellung: „Trivial" sind Lerneffekte bei Aufgaben, deren Bewältigung gelernt oder geübt wurde; man ist dann in der Lage, solche Aufgaben überhaupt zu meistern, oder man schafft sie schneller und/oder besser. Die einfache Anwendung von Gelerntem in neuen Situationen gleicher Art ist zwar allermeist Sinn und Zweck des Lernens, verdient aber eigentlich nicht die Bezeichnung *Transfer*. „Nicht-trivial" sind Lern- oder Übungseffekte, die bei Aufgaben auftreten, für die überhaupt nicht gelernt oder geübt wurde, wenn man also in der Lage ist, Aufgaben zu bewältigen, die man noch nie ausgeführt hat (Klauer, 2011).

Demgegenüber dürfte ein Lernen durch bloßen Druck von Vorgesetzten kaum noch eine Überlebenschance haben, die klassische Befehlskultur nämlich und deren Archetypen, also etwa der Schlachtruf des früheren Daimler-Chefs Schrempp „Profit, Profit, Profit" oder das, was der als gefürchtet geltende Firmensanierer Karl-Josef Neukirchen unter Führung verstand und sich wie folgt zusammenfassen ließ: „Wie entsteht ein Diamant: Druck, Druck, Druck! Und ein Brillant? Schleifen, schleifen, schleifen!" (Amann et al., 2016, S. 77).

Erfolgreicher Umgang (auch) mit belastenden Ereignissen

Die Kombination von Eigenschaften und Fertigkeiten ist demnach für das Ausüben einer bestimmten Tätigkeit erfolgsrelevant. Eine Verknüpfung des individuellen Potenzials mit *kritischen, berufsbezogenen Situationen* zu entwicklungsstiftendem Lernen kann durch verschiedene HR-Maßnahmen hergestellt werden. Als mögliche Maßnahmen kommen z.B. die Job Rotation, die Übertragung einer höheren Position im Zuge der Nachfolgeplanung oder auch ein Auslandseinsatz infrage. Noch eher weniger ist hierzulande das eigene Scheitern als erfolgreicher Lerntreiber beleumundet. All diese Maßnahmen beinhalten in der Regel die Konfrontation mit unbekannten und somit herausfordernden Situationen, in denen sich der Kandidat bewähren kann, neue Verhaltensweisen erproben muss, gegebenenfalls aus Fehlern lernt usw. Es versteht sich beinahe von selbst, dass solche „critical incidents" (kritische Ereignisse) nicht selten als emotional belastend empfunden werden und zu psychischen Spannungen führen. Das typische Karrieremerkmal von Führungskräften mit wechselnden Phasen von Stabilität und Neubeginn (und ggf. auch individueller Neuausrichtung) pointiert McCall (1997, S. 189) denn auch wie folgt: „Life - and executive development - is a creative tension between stability and change, and talent is best viewed as a promise that, if conditions are right, may eventually be realized".

Feedback als Katalysator für Lernprozesse

Die Schlüsselfunktion für das Lernen aus Erfahrung nimmt zweifellos das *Feedback* ein, d.h. die Rückmeldung auf das eigene Verhalten und die erzielten Ergebnisse aus verschiedenen Quellen. Um nachhaltige Lernprozesse einzuleiten, müssen aufseiten der Führungskraft die Bereitschaft und die Fähigkeit vorhanden sein, die Wahrnehmung der eigenen Person mit der Sicht ihrer Umgebung abzugleichen. Gerade die Offenheit für Feedback zeichnet erfolgreiche Führungskräfte gegenüber weniger erfolgreichen aus. Mehr noch: Führungskräfte müssen, um erfolgreich zu sein, aktiv nach Feedback aus unterschiedlichen Quellen suchen und dieses offensiv für sich verarbeiten, um ihren Verhaltensstil beständig an wechselnde Anforderungen anzupassen. Begleitet man im Management diejenigen unter ihnen, die dieser Forderung gerecht werden, so fällt auf, dass es sich oft um lernpotente Manager handelt (im angloamerikanischen Raum „agile" Lernpersönlichkeiten genannt): Sie fühlen sich durch die Mehrdeutigkeit von Situationen eher stimuliert denn bedroht, betrachten die Dinge gerne von mehreren Seiten, schätzen den Wandel - und akzeptieren überdies, dass ihnen diese Kompetenzen mitunter auch den Neid ihrer Umgebung eintragen (Cavanaugh & Zelin, 2015; De Meuse et al., 2010; Lombardo & Eichinger, 1996). Das Lernen aus Erfahrungen und Feedback nimmt auch in neueren Entwicklungskonzepten (oder eher: Entwicklungs*philosophien*) wie z.B. der selbstgesteuerten Führungskräfteentwicklung („self-directed leadership development") einen wichtigen Platz ein (siehe Nesbit, 2012, S. 205ff.).

Agile Lernpersönlichkeiten

Merkmale des erfolgreichen Umgangs mit Feedback

Empirische Untersuchungen an Führungskräften im internationalen Einsatz belegen den Wert des Umgangs mit Feedback: Diejenigen Führungskräfte, die mehr als andere

- nach Gelegenheiten suchen zu lernen,
- andere um Feedback bezüglich ihres eigenen Verhaltens bitten und
- offen sind für Kritik sowie
- schließlich die gewonnenen Einsichten aktiv für die eigene Entwicklung verwenden,

sind erfolgreicher bei der Bewältigung ihrer Aufgaben und erhalten für ihre Leistungen bessere Beurteilungen von ihren Vorgesetzten (Sarges, 2000; Spreitzer et al., 1997, S. 16f.).

Das 360°-Feedback als eigenständiger Ansatz, das Lernen voranzutreiben, soll die katalytische Wirkung von Feedback verdichten, indem es das Verhalten der Fokusperson in ausgewählten, wichtigen Tätigkeitsbereichen thematisiert. Der kompakte Vergleich ihres Selbstbildes mit relevanten Fremdbildern ermöglicht ihr die kritische Reflexion der eigenen Person. Gerade die *Reflexion* von Erfahrungen, das Auswerten von Feedback ist nämlich das, was tiefergehende Lernprozesse ermöglicht (vgl. Abbildung 2) – Erfahrungen *allein* reichen dazu nicht aus (Tjosvold, 1991).

Im Übrigen liegen interessante Ergebnisse zum Lernen durch Leistungsbeurteilungen vor, die auch für die Rezeption von Feedbackdaten relevant sind (Chun, Brockner & de Cremer, 2018). Rückmeldungen aus solchen Beurteilungen werden von den Fokuspersonen als fairer und gewinnbringender eingestuft, wenn die aktuellen Eindrücke über sie mit vorausgegangenen Beurteilungen verglichen werden, d.h. die Fokuspersonen werden quasi an sich selbst und ihren eigenen Möglichkeiten gemessen. Solche Vergleiche *über die Zeit* und mit Blick auf die eigenen Veränderungen werden positiver aufgenommen als *soziale* Vergleiche, d.h. solche, bei denen die Leistung einer bestimmten Fokusperson mit der anderer Personen (in der Regel „Peers") in Relation gesetzt wird.

Lernimpulse durch den Abgleich von Selbst- und Fremdbild

Neben der Möglichkeit der Übereinstimmung können nämlich besonders die Differenzen in der Einschätzung der eigenen Fähigkeiten mit der Sicht der Fremdbeurteiler (Vorgesetzte, Mitarbeiter etc.) wichtige Lernimpulse stiften: Wo unterschätze ich meine Fähigkeiten, wo überschätze ich sie? Inwieweit sind die abweichenden Einschätzungen das Ergebnis unterschiedlicher Wahrnehmungen oder auch unterschiedlicher Erwartungen? Auf welche kritischen Ereignisse und Erfahrungen im Umgang mit der Fokusperson stützen sich die Fremdbeurteiler? usw.

Ziele und beabsichtigte Effekte des Einsatzes von 360°-Feedback als Katalysator des Lernens für Führungskräfte

Feedback ...

1. ... ist eine knappe Ressource.

Führungskräfte sind diejenigen Personen im Unternehmen, die die am wenigsten strukturierten, am schlechtesten definierten und zugleich wichtigsten Probleme bearbeiten. Demgemäß bezeichnete der Systemtheoretiker Luhmann (1995) Manager denn auch als die „Lückenbüßer der Organisation". Im Tagesgeschäft erhalten sie relativ wenig Rückmeldung über ihr

Verhalten: „We seem to have time for everything else, but not time to give our top people the kind of reviews to help them develop" (Longenecker & Gioia, 1992, S. 18). Im Rahmen des 360°-Feedbacks erhalten sie in konzentrierter Form Feedback aus verschiedenen Quellen ihrer Umgebung und können dabei sowohl ihren Verhaltens- als auch ihren Problemlösestil kritisch reflektieren.

2. ... soll die Kompetenz- und Karriereentwicklung fördern.

Es wird angenommen, dass Führungskräfte umso eher in der Lage sind, Lerneinsichten zu gewinnen und gewünschte Veränderungen vorzunehmen, je eher sie Gelegenheit bekommen, ihre Stärken und gegebenenfalls auch Entwicklungsbedarfe hinsichtlich zentraler Kompetenzen in Erfahrung zu bringen. Hiervon verspricht man sich einen positiven Effekt auf die Karriereentwicklung.

3. ... soll die Selbstreflexion stimulieren.

Feedbackprozesse bilden einen Rahmen, um die Reflexion von erfahrungsträchtigen Situationen und das Gewinnen von Lerneinsichten zu stimulieren. Auch die Eindrücke bei der Durchführung von sogenannten Lernpotenzial-ACn (Sarges, 1995, 2001; Sarges & Stracke, 2018) legen nahe: Die Erfahrung kritischer Situationen allein reicht nicht aus, um zu lernen; sie muss mit Prozessen des Nachdenkens über die eigene Person („des In-sich-Gehens") angereichert werden, bei denen andere Personen zusätzliche, auch gegen die eigene Wahrnehmung gerichtete, Informationen beisteuern.

4. ... soll den Perspektivenwechsel trainieren.

Teilnehmer an Feedbackprozessen sollen angeregt werden, den eigenen Standpunkt zu relativieren und Situationen aus unterschiedlichen Perspektiven (nämlich die der *anderen*) zu betrachten. Gerade soziales Einfühlungsvermögen sowie die Fähigkeit zum Perspektivenwechsel wird im Wettbewerb, die Bedarfe des Kunden zu entdecken und zu befriedigen, zu einer spürbar kostbareren Schlüsselkompetenz. Wer von dieser aktiv Gebrauch macht, so die Intention, dürfte sich zunehmend weniger in wirklich erfolgsbedrohlichen Situationen wiederfinden ...

5. ... soll Entscheidungsprozesse verbessern.

Neben einer verbesserten Fähigkeit zum Perspektivenwechsel verspricht man sich von Feedbackprozessen auch einen effektiveren Umgang mit neuralgischen Informationen. Entscheidungen einzelner Personen, aber auch die von Management-Teams, Task Forces, politischen Gremien etc. haben sich als umso realitätsgerechter und erfolgreicher erwiesen, je mehr die Beteiligten willens waren, auch konträre Deutungsmuster und scheinbar widersprüchliche Informationen in ihre Überlegungen mit einzubeziehen (Janis, 1982; Schulz-Hardt, 1997). Dies fällt allerdings nicht nur Führungskräften schwer – sind doch die meisten von uns eher geneigt, lediglich konforme Informationen (im Wesentlichen: „gute Nachrichten") für wichtig zu halten (vgl. Tversky & Kahneman, 1990). Oder wie Hackenbroch (2016) im Magazin „Spiegel" in einem Kommentar zu vergleichbaren Ergebnissen einer Studie zweier renommierter Universitäten zu diesem Thema titelte: „Sieg des Bauchgefühls – Der Mensch lässt sich von Fakten nur dann behelligen, wenn sie ihm in den Kram passen".

6. … soll das Vertrauen in die eigenen Kompetenzen erhöhen.

Die Bereitschaft zur konstruktiven Selbstentwicklung ist umso höher, je mehr Unterstützung eine Führungskraft von ihrem Vorgesetzten erhält und je weniger „bestrafend" sich das Unternehmensumfeld verhält. Das heißt, dass Feedbackprozesse dann wirksam zur Führungskräfteentwicklung beitragen, wenn die damit verbundenen Anstrengungen durch ein tolerierendes Klima und konkrete Maßnahmen in Leadership-Programmen, durch Coachings usw. gefördert werden (Hazucha, Hezlett & Schneider, 1993). Werden dann Kompetenzfortschritte erzielt, dürfte dies wiederum das Zutrauen in die eigenen Selbststeuerungskräfte erhöhen. Empirische Studien wiederum zeigen, dass das (realitätsnahe) Zutrauen in die eigenen Fähigkeiten ganz wesentlich auch das Erreichen wichtiger Geschäftsziele positiv beeinflusst (O'Connor Wilson, McCauley & Kelly-Radford, 1998, S. 128 ff.).

7. … soll den Wandel im Unternehmen vorantreiben.

Schließlich besteht die Erwartung, dass Führungskräfte, die kontraproduktive Verhaltensweisen und Einstellungen verändert haben, besser in der Lage sind, sich an notwendige Veränderungen und Umstrukturierungen im Unternehmen anzupassen.

2.2 Feedback als Katalysator des Organisationslernens

Organisationen und Unternehmen haben die Notwendigkeit erkannt, sich durch breit installierte Lernprozesse an veränderte und globalisierte Umfeld- und Marktbedingungen anzupassen. Von betriebswirtschaftlicher Seite bezeichnet der Begriff der „Lernenden Organisation" Konzepte und Programme, die darauf zielen, Unternehmen im Sinne strategischer Ziele problemorientiert zu verändern. Im Mittelpunkt stehen Veränderungsbemühungen, die zum einen den Ausbau von Kompetenzen in den verschiedenen Bereichen, zum anderen die Verbesserung des Umgangs mit Wissen („Wissensmanagement") vorsehen (vgl. Reiß, 1999, S. 656). Wenn auch organisationale Lernprozesse nicht gleichzusetzen sind mit individuellem Lernen, so ist das eine ohne das andere nicht denkbar. So setzt z. B. Gruppenarbeit in der Industrie, soll sie etwa erfolgreich beim Einsatz einer neuen Produktionsmethode sein, kompetente und vor allem lernbefähigte Mitarbeiter voraus. Ein Lernzuwachs auf kollektiver Ebene mit entsprechenden Synergieeffekten (Scherm, 1998) setzt demnach notwendigerweise individuelles Lernen voraus.

Drei Ansätze für das Lernen in Unternehmen

Für das Lernen von Unternehmen lassen sich nach Wildemann (1995, S. 4 f.) drei Ansätze unterscheiden:

- Lernen als *reaktive Adaption*: Das Unternehmen passt sich an veränderte Umweltbedingungen an, ohne dass es selbst neue Produkte oder Trends kreiert; als Beispiel Arbeitszeit- und Tarifmodelle, um im Wettbewerb um die besten Nachwuchstalente bestehen zu können.
- Lernen als *Erfahrungskurvenphänomen*: Das Unternehmen optimiert die Produktion und ist bestrebt, seine Rationalisierungspotenziale zu erschließen; als Beispiel nehme man die weltweiten Rationalisierungsbemühungen der Automobilindustrie in den 80er und 90er Jahren.
- Lernen durch die Nutzung der *Problemlösefähigkeiten* der Mitarbeiter: In Abkehr von stark hierarchisch geprägten Führungsmodellen sollen die Mitarbeiter aller Ebenen in die Lösung komplexer Probleme einbezogen werden; dieser Ansatz sieht die Mitarbeiter als aktiv und vorausschauend Handelnde. Eine erfolgreiche Umsetzung dieses Ansatzes bedarf schlanker Hierarchien und zur persönlichen Kompetenzentwicklung hochmotivierte Mitarbeiter; diese benötigen ein Klima, das Entwicklungsanstrengungen unterstützt und entsprechend honoriert.

Das 360°-Feedback unterstützt am meisten den dritten Ansatz. Aktive, innovative Beiträge sind von Führungskräften und Mitarbeitern umso eher zu erwarten, je mehr diese um ihre Stärken und Entwicklungsbedarfe wissen, um sie so zielgerichtet für das Unternehmen einsetzen zu können. Ebenso wie auf der individuellen Ebene (siehe Abschnitt 2.1) lassen sich eine Reihe von Gründen und Zielsetzungen anführen, mit denen für den Einsatz von Feedbacksystemen im Kontext organisationalen Lernens plädiert wird (vgl. hierzu Scherm, 2005). Es wird zu zeigen sein, inwieweit die damit verbundenen Erwartungen realistisch sind bzw. einer empirischen Überprüfung standhalten (siehe Abschnitt 2.5).

Ziele und beabsichtigte Effekte des Einsatzes von 360°-Feedback als Katalysator des Lernens in Organisationen

Feedback ...

1. ... soll eine Diagnosefunktion übernehmen.

Im Sinne eines strategischen Leitkonzepts wird mit dem Einsatz von Feedbacksystemen die Erwartung verbunden, Diagnosen über das Wissen und die Fähigkeiten innerhalb der Organisation erstellen bzw. ergänzen zu können. Das Management soll so aktuelle Kenntnis darüber erhalten, welche Kompetenzen im Unternehmen wie ausgeprägt sind und erhält auf diesem Wege einen besseren Überblick über die vorhandenen Humanressourcen. Die Diagnosefunktion beinhaltet auch die Option einer Evaluation derart, dass analysiert werden kann, inwieweit Maßnahmen seitens des Personalmanagements, aber auch die Entwicklungsbemühungen seitens der Führungskräfte selbst die 360°-Ergebnisse beeinflusst haben.

Diese Option ist besonders im Zusammenhang mit dem Einsatz von Feedbacksystemen auch zum Zweck der Leistungsbeurteilung interessant (vgl. Lüdi & Wenger, 2005). Etwa über die Frage der durchschnittlich auftretenden Abweichung zwischen dem individuellen Ist- und dem Anforderungsprofil können z.B. Nachfolge- und Beförderungsentscheide unterstützt werden.

2. ... soll die Kommunikation über Kompetenzanforderungen unterstützen.

Der systematische Einsatz von Feedbacksystemen im Rahmen von Development-Programmen sorgt für einen aktiven Austausch und die Diskussion über verbindliche Anforderungsprofile im Unternehmen. Über alle Hierarchieebenen hinweg soll damit die Orientierung darüber erleichtert werden, welche Personen- und Funktionsgruppen über welche Fähigkeiten oder Kompetenzen verfügen sollten. Mit einiger Wahrscheinlichkeit erhält gerade das Personalmanagement wichtige Hinweise über die Akzeptanz, mehr jedoch über die Stimmigkeit der Anforderungsprofile bezüglich der zu erreichenden Ziele (vgl. Dalton, 1998).

3. ... darf die High Potentials entwickeln.

Zumindest größere Organisationen unternehmen in der Regel beachtliche Anstrengungen, ihre besten Potenzialträger auf die Übernahme von Führungsaufgaben vorzubereiten. Auf der anderen Seite ist zu beobachten, dass immer mehr Unternehmen realisieren, dass ihre überbordenden traditionellen Beurteilungsroutinen nicht nur übermäßig Zeit kosten, sondern für den Entwicklungsgedanken sogar kontraproduktiv sind (siehe hierzu den lesenswerten Beitrag von Cappelli & Tavis, 2016). Die Schlussfolgerung hieraus ist ein Plädoyer für weniger „monströse“, dafür Anreize zu kontinuierlicher Veränderung stiftende Feedbackschleifen.

In Förder- und Development-Programmen sollen Feedbacksysteme den beteiligten Nachwuchskräften Aufschluss über ihre Stärken und ggf. Schwächen geben. Auf der Basis von Kompetenzprofilen will man den konkreten Förderbedarf aufzeigen und in entsprechende Entwicklungspläne umsetzen. Bei deren Ausgestaltung ist die Organisation insofern beteiligt, als die Gruppe der direkten oder nächsthöheren Vorgesetzten einbezogen wird bzw. werden sollte.

4. ... lässt sich relativ leicht mit anderen HR-Instrumenten vernetzen.

360°-Feedbacks lassen sich relativ leicht mit den Zielen und dem Einsatz anderer Instrumente des Human Resource Managements verbinden. Im Zusammenhang mit dem Einsatz von Potenzialanalyseverfahren ermöglichen sie beispielsweise eine willkommene Ergänzung bzw. Erweiterung von Assessment Centern (ACn).

Die Ergebnisse eines 360°-Feedbacks können z. B. als eine Möglichkeit einer Standortbestimmung für die Teilnehmer zeitlich *vor* ein Entwicklungs-AC oder in dieses selbst integriert werden. Bei der vorgelagerten Konzeption können die Teilnehmer einen ersten Abgleich zwischen ihrer Selbst- und den diversen Fremdbeurteilungen vornehmen und eventuell ihre Erwartungen an die AC-Ergebnisse modifizieren (Erbacher & Meier, 2005).

Bei einer Integration des 360°-Feedbacks *in* das AC wird ein zusätzlicher Lernimpuls gesetzt, der die Erfahrungen seitens der Kandidaten und die Rückmeldung durch die Beobachter verstärkt. Hinsichtlich eines stärker leistungsbezogenen Charakters des 360°-Feedbacks bestehen Verbindungen zum Zielvereinbarungs- und -überprüfungsgespräch, zur Gehaltsfestsetzung, zur Nachfolgeplanung etc.

5. ... dürfte systemisches Denken fördern.

Der Erfolg unternehmerischen Handelns ist nicht nur an äußere Bedingungen (die Wahl des Standorts, das Marktumfeld, die Konjunktur etc.), sondern vor allem auch an die nicht immer konfliktfreie Zusammenarbeit von Personen gekoppelt. Die Einführung, besonders aber die Kontinuität und „Pflege“ von Feedbacksystemen kann zu einem höheren Bewusstsein der entscheidenden „human factors“ und ihrem Zusammenspiel untereinander sowie mit anderen Faktoren führen: Welche Kompetenzen haben in Verbindung z. B. mit den vorhandenen finanziellen Möglichkeiten zu außergewöhnlichen Leistungen oder Geschäftserfolgen geführt? Welches Kompetenzgefüge in Projektgruppen hat dagegen zu Problemen und echten Misserfolgen geführt? Und schließlich: Inwieweit hat die Wahrnehmung der Akteure bezüglich der vorhandenen Kompetenzen zu den Ergebnissen beigetragen?

6. ... soll das Commitment des Managements zur Führungskräfteentwicklung erhöhen.

Die Einbindung der Feedbackgeber, v. a. der Vorgesetzten, in die Entwicklung von Feedbackplänen erhöht das Commitment der Organisation, die Nachwuchskräfte in ihren Entwicklungsbemühungen selbst aktiv zu unterstützen. Führungskräfte der mittleren und oberen Ebene können in Workshops von ihren Erfahrungen im Umgang mit beruflichen Herausforderungen berichten, als Coaches und Mentoren auftreten und so für den erforderlichen Wissenstransfer sorgen. Gleichzeitig leisten sie einen Beitrag zur Entwicklung, indem ihre Personen als für das Unternehmen prototypische „Rollenvorbilder" („role models") fungieren.

7. ... als Tool, die Unternehmenskultur zu verändern.

Die Installation von Feedbackprogrammen dürfte geeignet sein, den Wandel im Unternehmen voranzutreiben. Als „Kulturparameter" kommen für eine Veränderung u. a. der Kommunikationsstil zwischen Führungskräften und Mitarbeitern, der Wissensaustausch und das Klima innerhalb von Abteilungen oder Geschäftsbereichen insgesamt infrage. Ein kontinuierlicher Feedbackprozess soll dazu beitragen, die wechselseitige Ansprache zwischen dem/der Vorgesetzten und seinen/ihren Mitarbeitern in Richtung mehr Offenheit und direktem Feedback zu verbessern. Die Intention des Feedbackansatzes bzw. sein „trojanisches Pferd" besteht gerade darin, dass die im Umfeld des Prozesses vereinbarten Regeln bei den Beteiligten zunehmend verinnerlicht werden: die Botschaften von erhaltenem Feedback zunächst als Wahrnehmungen und erlebte Realität von Personen zu akzeptieren, um dann zu entscheiden, an welcher Stelle Veränderungsbedarf besteht.

2.3 Kompetenzen als Fokus des 360°-Feedbacks

Indirekt zu diagnostizierende Merkmalsbereiche einer Person

Solche Merkmale einer Person, die die Aufmerksamkeit des HR-Managements genießen (sollten), lassen sich im Bild eines *Eisbergs* darstellen (siehe Abbildung 3): Manche Merkmale sind für das Auge des Beobachters sichtbar und zugänglich, andere bleiben verborgen, erschließen sich nur indirekt oder unter größerem diagnostischen Aufwand. Zu den sich lediglich indirekt erschließenden Merkmalsbereichen einer Person gehören

- ihr *Selbstkonzept*, d. h. welche Vorstellungen und Beurteilungen sie von sich selbst hinsichtlich ihrer Eigenschaften, Fähigkeiten und Werte hat;
- ihre *Motive*, d. h. die inneren Beweg- und Antriebsgründe für ihr Verhalten.

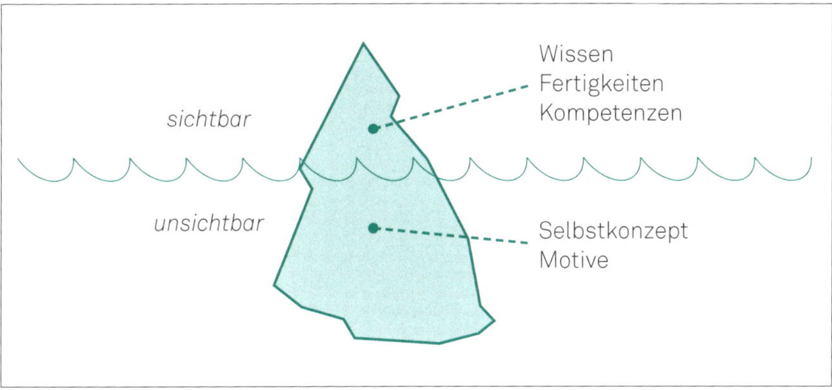

Abbildung 3: Eisbergmodell sichtbarer und verborgener Personenmerkmale (mod. nach Spencer & Spencer, 1993, S. 11)

Einzelne Merkmale dieser Bereiche sind für sich genommen nur begrenzt entwickelbar und dies auch nur unter einer langfristigen Perspektive (z. B. in Coachingprozessen). Als fiktives Beispiel mag man sich eine Führungskraft vorstellen, die in der pharmazeutischen Forschung als Leiter einer Abteilung tätig ist. Werden dieser Führungskraft etwa Schwierigkeiten in der Umsetzung wichtiger Vorgaben attestiert, so kann dies unter anderem daran liegen, dass sie – trotz guter fachlicher Eignung – ein eher gering ausgeprägtes Selbstbewusstsein besitzt und sich folglich bisweilen wenig zutraut, d. h. ein negatives *Selbstkonzept* aufweist. Zudem möge ihre Motivstruktur von einem stark ausgeprägten *Leistungsmotiv* geprägt sein und weniger von einem *Machtmotiv*, d. h. sie wird eher dem Bestreben folgen, die ihr übertragenen Aufgaben auf hohem Niveau zu erfüllen als unmittelbaren Einfluss auf andere ausüben zu wollen (zur Erläuterung der Motive siehe den nachfolgenden Kasten).

Motive

Die drei großen Motive in der Arbeitswelt sind Leistung, Macht und Bindung (vgl. Rheinberg, 2013). Das *Leistungsmotiv* meint den Drang nach Leistungsherausforderung durch anregende, komplexe, schwierige, aber lösbare Aufgaben. Das *Machtmotiv* steht für das Streben nach Einfluss auf und Kontrolle über andere, nach Autonomie und Entscheidungsspielraum. Das *Bindungsmotiv* schließlich repräsentiert die Suche nach Zugehörigkeit in einem sozialen Netz, nach Gemeinschaft, Geselligkeit und Geborgenheit.

Als primär leistungsorientierte Person pflegt sie möglicherweise zudem einen Arbeitsstil, der tendenziell durch Zurückgezogenheit oder Introvertiertheit gekennzeichnet ist (ob diese Person mit den skizzierten Merkmalen eine „glückliche" Besetzung für die Position des Abteilungsleiters darstellt, wollen wir an dieser Stelle nicht weiter thematisieren). Es dürfte ihr mitunter schwerfallen, andere zielgerichtet zu führen und gegebenenfalls Machtmittel einzusetzen – dies auch deshalb, weil sie glaubt, dass es ihr an den entsprechenden Fähigkeiten mangelt. Kommt es an neuralgischen Punkten zu Konflikten in der Abteilung, steht sie in der Gefahr, sich nicht durchsetzen zu können und anderen in der Gruppe die Führung zu überlassen.

Kompetenzen als entwickelbare Merkmale einer Person

Diese Teile des „Eisbergs" sind zwar der Beobachtung nicht direkt zugänglich und stehen auch nicht primär im Zentrum von 360°-Feedback-Prozessen. Sie zeigen allerdings Überschneidungen mit genau den Merkmalsbereichen, auf die sich die 360°-Aktivitäten vorrangig beziehen: nämlich *Fertigkeiten* und *Kompetenzen* einer Person. Im Sinne einer personalpsychologischen Herangehensweise lassen sich Fertigkeiten und Kompetenzen auffassen als Bedingungen auf der Personenseite, die gegeben sein müssen, um den Anforderungen eines konkreten Tätigkeitsfeldes zu entsprechen (vgl. Schuler, 2014, S. 63). Sie sind für einen Mitarbeiter oder einen Kollegen als Beobachter einer Fokusperson eher zugänglich und leichter einzuschätzen als beispielsweise deren Motive.

In der Nähe des Kompetenzbegriffs ist der Terminus der *Fähigkeit* angesiedelt. Eine Fähigkeit bezeichnet die Ausstattung einer Person mit geistigen, motorischen und körperlichen Funktionen, die ihr leistungsbezogene Handlungen ermöglichen (Conradi, 1983, S. 8). Als wesentliche Bestimmungsstücke einer Fähigkeit sind ihr Bezug zu Eigenschaften der Person und ihre Nähe zu beobachtbarem Leistungsverhalten herauszustellen.

Drei Bestimmungsstücke einer Kompetenz

Der im Rahmen des 360°-Feedbacks weiter verbreitete Begriffsansatz ist jedoch der der *Kompetenz*. Mit einer präzisen Definition verhält es sich hier ungleich schwieriger, da vor allem in praxisnahen Darstellungen eine Vielzahl von z. T. sehr unterschiedlichen Umschreibungen einer Kompetenz (englisch „competency") kursieren. In Anknüpfung vor allem an die angloamerikanische HR-Forschungs- und Anwendungspraxis (besonders vertreten durch McClelland und sein Team), sind mindestens drei Bestimmungsstücke einer Kompetenz auszumachen (Sarges, 2002):

1. das *Verhalten* (z. B. dass eine Führungskraft kontinuierlich persönlich mit ihren Mitarbeitern Kontakt aufnimmt und etwaige Probleme aktiv zu lösen versucht),
2. dessen vermutliche *Ursachen* (u. a. ihre Persönlichkeitseigenschaft der „Extraversion") und
3. seine möglichen *Folgen* (z. B. die damit verbundenen positiven Arbeitsprodukte).

Diese Aufstellung verdeutlicht, dass mit einer Kompetenz in der Regel ein Konglomerat von verschiedenen Einzelmerkmalen gemeint ist. Diesen Umstand teilt der Kompetenzbegriff im Übrigen mit dem *Anforderungsbegriff*. Letztgenannter muss, um unterschiedlichen Tätigkeitssituationen gerecht zu werden, gleichfalls in spezifische Unterkategorien unterteilt werden, z. B. in „Eigenschaftsanforderungen" (Fähigkeiten und Interessen), „Verhaltensanforderungen" (Fertigkeiten und Gewohnheiten), „Qualifikationsanforderungen" (Kenntnisse und Fertigkeiten) und „Ergebnisanforderungen" (Problemlösungen und Qualitätsstandards; Schuler, 2014, S. 63).

Akzeptiert man also, dass Kompetenzen sowohl Verhaltens- als auch stabile Eigenschaftsmerkmale, aber oft auch stark situationsgebundene Merkmale bezeichnen, so gelangt man zu zwei recht praxistauglichen Definitionen. In einem ersten Ansatz wird eine Kompetenz aufgefasst als

Erste praxistaugliche Definition einer Kompetenz

- eine Gruppe von aufeinander bezogenen Merkmalen
- des Wissens, der Fähigkeiten und der Einstellungen, die
- einen bedeutenden Teil der beruflichen Tätigkeit beeinflussen,
- mit der beruflichen Leistung korrelieren (zusammenhängen),
- auf der Basis gängiger Standards gemessen werden und schließlich
- mithilfe von Trainings- und Entwicklungsmaßnahmen verbessert werden können (Parry, 1996, S. 50; Übersetzung d. Verf.).

Bei dieser Auflistung fällt auf, dass kein Bezug zu stabilen Persönlichkeitseigenschaften als mögliche Ursache für Kompetenz(verhalten) hergestellt wird. Dies erklärt sich durch die im letzten Unterpunkt vorgenommene Eingrenzung auf lediglich solche Merkmale, die durch verschiedene Maßnahmen einer Entwicklung zugeführt werden können.

Andere Autoren heben demgegenüber in noch stärkerem Maße den Zusammenhang von Kompetenzen mit der beruflichen Leistung hervor. So lässt sich mit Spencer und Spencer eine Kompetenz wie folgt definieren:

„Eine Kompetenz ist ein grundlegendes Merkmal eines Individuums, das ursächlich ist für kriterienbezogenes, effektives und/oder ausgezeichnetes (Leistungs-)Verhalten im Beruf oder einer [beruflichen] Situation" (Spencer & Spencer, 1993, S. 9; Übersetzung d. Verf.). Eine Kompetenz ist somit ein mehrdimensionales Konstrukt, das individuelle Dispositionen zu situativ angemessenem, leistungs- und problemlösendem Verhalten adressiert (siehe Scherm, 2014, S. 18 ff.).

Zweite praxistaugliche Definition einer Kompetenz

Mit dem Hinweis, dass es sich bei einer Kompetenz um ein *grundlegendes* Merkmal handelt, wird im Gegensatz zur ersten Definition gerade der Bezug zu fest verankerten, zeitlich überdauernden Eigenschaften der betreffenden Person hergestellt. Zudem wird dort, wo oben lediglich auf den (korrelativen)

Kompetenzen bestimmen die berufliche Leistung

Zusammenhang mit beruflicher Leistung verwiesen wird (vierter Spiegelstrich), der eindeutig ursächliche Charakter von Kompetenzen für die *Performance* hervorgehoben.

Dabei ist die Beurteilung der Leistung einer Person „on the job" an bestimmten, je nach ihrem Aufgabenspektrum harten oder weichen Kriterien zu orientieren. Solche Kriterien sollten, um erfass- und messbar zu sein, mit demjenigen Teil des *Eisbergs* verbunden sein, der über die Wasseroberfläche hinausragt und folglich direkt beobachtbar ist. Als Kandidaten für solche Kriterien kommen für unterschiedliche Managementfunktionen z.B. die für den eigenen Bereich zu verantwortenden Umsatz- und Ergebniszahlen, die Anzahl von erfolgreich am Markt platzierten Produkten oder auch die Zahl der geführten Personen infrage.

Ein 360°-Feedback mit einer solchen Kompetenzauffassung und einer entsprechenden Nähe zu kriteriumsorientierter Leistungsmessung dürfte dem Charakter nach eher in der Nähe einer Personal- und Leistungsbeurteilung als einer Potenzialentwicklung angesiedelt sein (siehe Abschnitt 1.3). Wie dem auch sei: Beide Definitionsansätze lassen für die Konzeption von 360°-Feedbacks breiten Raum sowohl für übergreifende oder spezifisch angelegte Kompetenzmodelle.

2.4 Von der Wahrnehmung zur Konstruktion der „Wirklichkeit": Feedbacks als Eindrucksurteile

Der Prozess von der Beobachtung und Wahrnehmung eines Verhaltens sowie schließlich zur Formulierung von Aussagen über das Verhalten stellt sich als äußerst komplex dar. Er spielt eine wichtige Rolle nicht nur im Zusammenhang mit 360°-Feedbacks, sondern prinzipiell überall dort, wo in Unternehmen und Organisationen *Eindrucksurteile* über das Verhalten von Personen gebildet werden. Beispiele für andere wichtige Anlässe der Urteilsbildung sind das Einstellungsinterview (Schuler & Mussel, 2016; Sarges, in Vorb.), das Assessment Center (Kleinmann, 2013) oder das Management-Audit.

An dieser Stelle soll in knapper Form auf die wesentlichen Bedingungen und Einflussgrößen der Urteilsbildung eingegangen werden. Auf der Seite des zu Beurteilenden steht das gezeigte Verhalten über eine Vielzahl beruflicher Situationen und Anlässe, auf der Seite des Beurteilers dessen Beobachtungen, Wahrnehmungen und schließlich die Übersetzung der beobachteten und wahrgenommenen Inhalte in Aussagen.

Das Ergebnis einer Eindrucksbildung durch den Beurteiler stellt nur in den seltensten Fällen eine exakte und vollständige „1:1-Abbildung" einer irgendwie gearteten Verhaltenswirklichkeit dar; der Beurteiler selektiert vielmehr das Beobachtete auf dem Hintergrund eigener Interessen, Erwartungen, mentaler Verarbeitungskapazitäten usw. Das Ergebnis einer Kompetenzeinschätzung, d.h. der sprachlich gefasste *Kompetenzeindruck*, beinhaltet somit lediglich mehr oder weniger repräsentative Ausschnitte des beobachteten Verhaltens (die Wahrheit des individuellen Eindrucks liegt sozusagen im Auge des Betrachters). Etwas verkürzt darf man somit sagen, dass jeder Beurteiler sich seine Eindrucksrealität selbst konstruiert.

Kompetenzeindruck als Konstruktion beobachteten Verhaltens

Die Bildung von Eindrucksurteilen im Rahmen von 360°-Feedback-Prozessen unterliegt prinzipiell den gleichen Prozessen, wie sie auch in anderen Urteilskontexten (z.B. eines Assessment Centers zur Personalauswahl) zu beobachten sind. Hierbei bietet sich die Einteilung in verschiedene Ebenen an, wobei wir uns im Folgenden an der Konzeption von Schuler (2014, S. 38ff.) orientieren, der das „Verhaltens-Eindrucks-Aussage-Modell" von Brandstätter (1969, 1983) aufgreift bzw. vertieft. Es werden drei Ebenen unterschieden, die wir im Folgenden am Beispiel eines zu beurteilenden Vertriebsleiters eines Finanzdienstleistungsunternehmens darstellen wollen. Das Eindrucksurteil, das sich die Feedbackgeber bilden, wird bestimmt durch Elemente auf der

1. Ebene des Verhaltens,
2. Ebene der Feedbackgeber,
3. Ebene der Aussage.

Drei Ebenen der Bildung von Eindrucksurteilen

- Ebene des Verhaltens des Vertriebsleiters

Dies können Elemente sein, die

- in seiner Person selbst liegen (z.B. seine Intelligenz, sein Fleiß);
- außerhalb des unmittelbaren Feedbackprozesses liegen (z.B. seine Arbeitsbedingungen, seine Familiensituation);
- durch die augenblickliche Situation bestimmt sind (etwa die Erweiterung des Produktspektrums in Richtung „Geldanlage" oder die hohe Fluktuation im Bereich seiner Außendienstmitarbeiter).

1. Ebene des Verhaltens

- Ebene seiner Feedbackgeber

Wie bereits oben ausgeführt, bilden die Feedbackgeber (z.B. Vorgesetzte, Mitarbeiter) ihr Urteil in Abhängigkeit auch von eigenen Interessen, Erwartungen, Verarbeitungskapazitäten etc. und filtern die ihnen verfügbaren Informationen dementsprechend. So richtet der Vorgesetzte sein Urteil unter

2. Die Ebene der Feedbackgeber

Umständen eher an den vorgegebenen Umsatzzielen aus; d.h. erreicht sein Vertriebsleiter beispielsweise die vereinbarten Umsatzgrößen, wird er nicht nur auf der Beurteilungsskala „Einsatz für Geschäftsziele" positive Einschätzungen abgeben, sondern womöglich auch auf den Skalen „Kundenorientierung" oder „Führen von Mitarbeiterinnen und Mitarbeitern" (da er diese motiviert hat, bei den Kunden erfolgreich tätig gewesen zu sein).

Die Mitarbeiter ihrerseits könnten ihre Einschätzungen an anderen Umständen ausrichten: Da ihr Bereich nun schon zwei Jahre hintereinander die Umsatzziele übertroffen hat, könnten sie die Erwartung hegen, dass ihr Vertriebsleiter nun weniger „Druck macht"; entspricht er in seinem Verhalten dieser Erwartung nicht, so könnte er gerade auf der Beurteilungsskala „Führen von Mitarbeitern" weniger gute Einschätzungen erhalten als von seinem Vorgesetzten.

Für die Frage, woran die Feedbackgeber ihr Urteil jeweils ausrichten, liegen inzwischen auch neuere Befunde vor. Scherm (2014, S. 118ff.) hat dabei für eine Stichprobe von Führungskräften der Wirtschaft mögliche Zusammenhänge zwischen dem Feedbackurteil der Vorgesetzten sowie der Mitarbeiter und der Persönlichkeit der feedbacknehmenden Fokuspersonen exploriert. Werden im Feedback Kompetenzen beurteilt, die sich auf das ergebnis- und leistungsbezogene Verhalten der Führungskräfte beziehen, dann zeigen sich moderate Zusammenhänge (allerdings ohne statistischen Signifikanznachweis) zwischen dem Feedbackurteil und der *Gewissenhaftigkeit* der Fokusperson (für das Vorgesetztenurteil: $r = .28$; für das Mitarbeiterurteil: $r = .21$). Hieraus kann abgeleitet werden, dass Feedbackgeber tendenziell positivere Urteile für solche Personen abgeben, die ihre Aufgaben und Ziele ausdauernd und mit einem ausgeprägten Anspruch an Qualität verfolgen. Van Hooft, van der Flier und Minne (2006) untersuchten ebenfalls Zusammenhänge zwischen den Feedbackurteilen von Vorgesetzten und *Persönlichkeitseigenschaften* der Fokuspersonen. Ohne näher auf die methodische Anlage der Studie einzugehen, lagen die von den Autoren gefundenen Zusammenhänge im Mittel allerdings unterhalb von .20, sodass die Annahme eines Zusammenhangs von Feedbackurteilen und Persönlichkeitseigenschaften in dieser Studie deutlich weniger Unterstützung erfährt. Möglicherweise ist der beobachtete niedrige Zusammenhang vor allem auf validitätsmindernde Probleme bei der Kompetenzmessung durch das eingesetzte Feedbackinventar zurückzuführen (zur „Validität" siehe Abschnitt 4.1).

Zugleich dürfte es interessant sein zu klären, inwieweit die abgegebenen Kompetenzurteile auch von organisationalen Randbedingungen beeinflusst werden. Als mögliche Einflussgröße kommt u.a. das *organisationale Klima* infrage (siehe Scherm, 2014, S. 115ff.), wobei angenommen wird, dass ein vertrauensvolles Klima mit angehobenen Feedbackniveaus einhergeht (und umgekehrt).

Das Urteil des Feedbackgebers ist auch von dessen Selbstbild beeinflusst

Ferner nimmt auch das *Selbstbild* des einzelnen Feedbackgebers Einfluss auf sein Eindrucksurteil. Möglicherweise ist er oder sie selbst sehr ehrgeizig, sieht sich als in hohem Maße befähigt an und möchte sich für höhere Aufgaben empfehlen. Dementsprechend knüpft diese Person an die Tätigkeit eines Außendienstmitarbeiters wie an die eines Vertriebsleiters hohe Erwartungen. Diese hohen Erwartungen lassen sich in den Begriff eines angehobenen *impliziten Referenzwerts* fassen, während man bei den in der Organisation für verbindlich erklärten Anforderungen („Sollprofile") von *expliziten Referenzwerten* sprechen kann. Verfügt der Feedbackgeber über einen hohen impliziten Referenzwert, so wird er den einzuschätzenden Vertriebsleiter an diesem messen. Sein Urteil fällt mit einiger Sicherheit kritischer aus als dasjenige, was jemand mit einem niedrigeren Referenzwert abgibt.

Feedbackgeber assimilieren und kontrastieren

Ein ähnliches Phänomen wird mit dem Begriff des *Assimilations-* bzw. *Kontrasteffekts* bezeichnet. Assimilations- und Kontrasteffekte wurden bereits früh im Zusammenhang mit Einstellungen und ihrem Einfluss auf die Wahrnehmung von Personen untersucht (siehe Sherif & Hovland, 1961). Hierbei kann zum einen das Urteil des Feedbackgebers an einer wahrgenommenen Ähnlichkeit zwischen der eigenen Person und dem Feedbacknehmer ausgerichtet werden. Je höher die Übereinstimmung ausfällt, die der Feedbackgeber zwischen sich und der zu beurteilenden Person hinsichtlich zentraler Kompetenzfelder ausmacht, desto stärker wird er diese Übereinstimmung in seinem Urteil übertreiben – ohne dass ihm dieses in aller Regel bewusst wäre (Assimilationseffekt). Der gegenläufige Effekt bedeutet, dass ein Feedbackgeber einen zu beurteilenden Feedbacknehmer als von sich deutlich abweichend wahrnimmt und in seinem Urteil die bestehenden Unterschiede unwillentlich überzeichnet (Kontrasteffekt). Darüber hinaus lassen sich beide Effekte auch als das Ergebnis des Vergleichs der eigenen Erwartungen bzgl. des Feedbacknehmers mit dem wahrnehmungsgestützten Eindruck auffassen (siehe für die Urteilskonzeption an der Erwartung Plessner, 2011, S. 29). Am Beispiel des Kontrasteffekts würde demnach ein Feedbackgeber den betreffenden Vertriebsleiter als Fokusperson in Abgrenzung zur eigenen Erwartung unrealistisch weit entfernt von dessen tatsächlicher Kompetenz einschätzen. Beide Effekte sind aus der Sicht des Diagnostikers eher unerwünscht, da sie der Absicht eines Feedbackprogramms, die „wahren" Kompetenzwerte zu ermitteln und wiederzugeben, entgegenlaufen und als Verzerrungstendenzen aufgefasst werden.

Zusammenfassend bleibt festzuhalten, dass die einem Feedbackgeber verfügbaren Informationen durch sie bzw. ihn in spezifischer Weise verarbeitet werden. Sein Urteil sagt somit nicht nur etwas über die einzuschätzende Person aus, sondern gerade auch etwas über ihn selbst und ihre bzw. seine Art der Eindrucksbildung.

- Ebene der Aussage

3. Die Ebene der Aussagenbildung

Die „Übersetzung“ des Eindrucksurteils in eine mündliche oder schriftliche Aussage kann gleichfalls verschiedenen Einflüssen ausgesetzt sein. Ist der Feedbackgeber z. B. bei einem schriftlich abzugebenden Urteil weitgehend frei in seinen Formulierungen (wie dies z. B. bei einem individuellen Gutachten der Fall ist), spielen seine sprachlichen Möglichkeiten (Wortschatz, Ausdrucksweise etc.) eine wichtige Rolle. Hiervon ist im Wesentlichen abhängig, wie sehr die schriftlichen Aussagen mit dem Eindrucksurteil korrespondieren.

Feedbackgeber verfolgen persönliche Ziele und Strategien

Schließlich kann der Feedbackgeber, wie jeder Beurteiler in einem anderen Kontext auch, eigene Ziele und Strategien verfolgen. Beabsichtigt er beispielsweise, in seiner Rolle als Vorgesetzter den Vertriebsleiter mit seinem Feedback für einen Aufstieg in der Hierarchie zu empfehlen, so wird er bestimmte Eindrücke stärker fokussieren (etwa dessen besondere Stärken bei der Analyse des Marktumfeldes), andere wiederum eher übergehen oder nur am Rande erwähnen (dessen vermeintliche Schwächen etwa in der Weitergabe wichtiger Informationen an seine Mitarbeiter). Ein solches Vorgehen ist zwar aus der persönlichen Realität eines Feedbackgebers heraus verständlich, steht aber dem prinzipiellen Ansinnen eines Feedbackprozesses entgegen. Dieses will gerade nicht die mikropolitischen Verhältnisse zwischen Feedbackgeber und -nehmer rekonstruieren, sondern die verschiedenen Wahrnehmungsperspektiven zu einem reliablen (d. h. verlässlichen) und möglichst validen (gültigen) Gesamtbild zusammentragen.

Fazit: Gewinnen von Eindrucksurteilen mithilfe des 360°-Feedback Prozesses

Die Übersetzung des Eindrucksurteils in eine korrespondierende Aussage ist im 360°-Feedback durch eine weitgehende Standardisierung von *Eindrucks*vorgaben und entsprechenden Aussagen geregelt (siehe Abschnitt 4.2). Die Eindrucksvorgaben bestehen wie im klassischen Fragebogenverfahren in einer Anzahl von kurzen Verhaltensbeschreibungen („Items“), die verschiedene *Kompetenzen* erfassen. Die Feedbackgeber ...

- schätzen zunächst die Fokusperson hinsichtlich der Verhaltensbeschreibungen ein (siehe Beispiele in Tabelle 3); dabei sollen sie in der Regel angeben, in welcher Intensität nach ihrer Meinung die Fokusperson das angesprochene Verhalten zeigt;
- die Einschätzungen werden zusammenfassend zu einzelnen Kompetenzdimensionen verrechnet und
- in Form eines Kompetenzprofils grafisch (siehe Abbildung 4) sowie in einem Feedbackbericht schriftlich bzw. digital festgehalten. Üblicherweise

erläutert der Bericht zusätzlich die einzelnen Kompetenzdimensionen, vergleicht die Fokusperson und ihr Ergebnis mit ähnlichen Personen- und Funktionsgruppen und gibt darüber hinaus bereits erste Hinweise für mögliche Entwicklungsaufgaben.

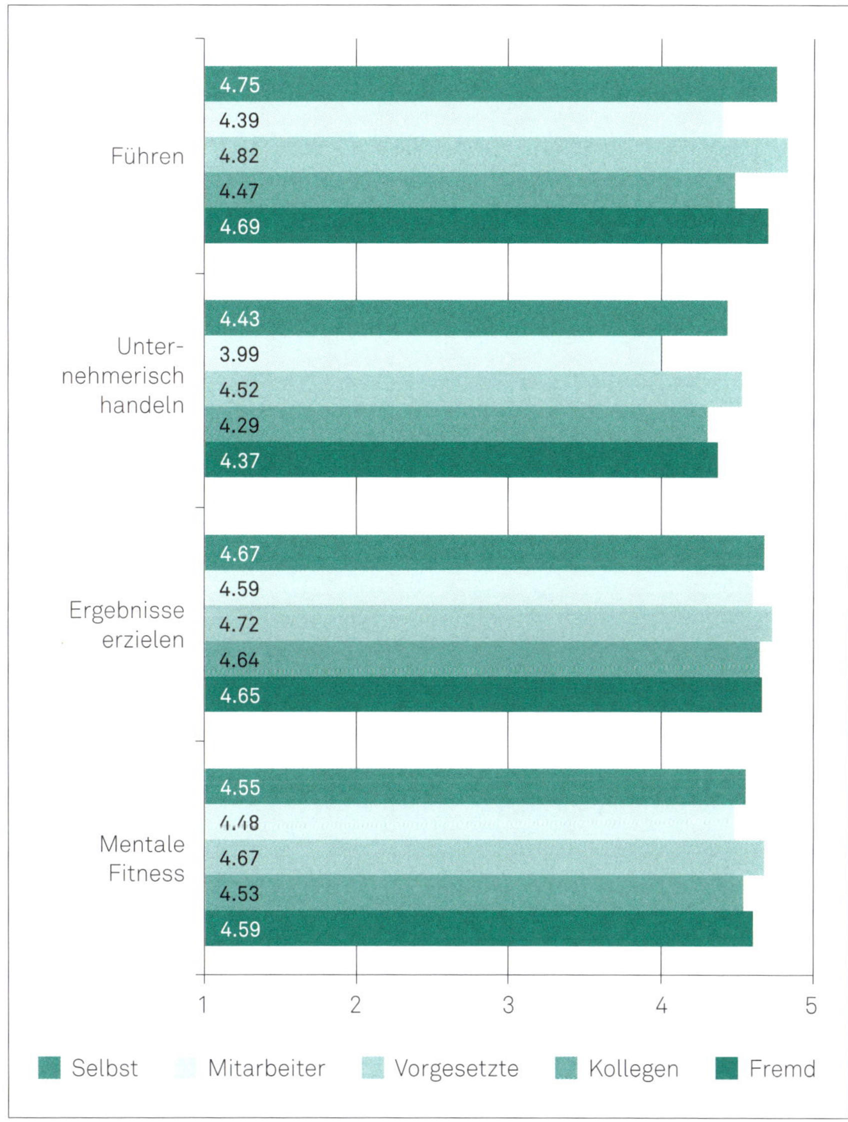

Abbildung 4: Feedbackprofil (mit fiktiven Daten) für *!Response 360°-Feedback* (Scherm & de Jonge, 2016) mit vier zentralen Metakompetenzen

Tabelle 3: Beispiele von Kompetenzdimensionen und Verhaltensbeschreibungen (Items) eines 360°-Feedbacks (aus *!Response 360°-Feedback*; Scherm & de Jonge, 2016)

Kompetenzdimension	Item
Einfluss nehmen und Durchsetzen	„… macht seinen Einfluss geltend, um entscheidende Dinge voranzutreiben oder durchzusetzen."
Vision und Strategie entwickeln	„… besitzt die Fähigkeit, das Geschäft strategisch neu auszurichten."
Change managen	„… achtet darauf, dass Veränderungen im Unternehmen/der Organisation in einem Klima des Respekts vorgenommen werden."
Planen	„… kümmert sich im eigenen Bereich rechtzeitig um die Nachfolgeplanung."
Agil sein	„… findet kreative Lösungen auch für komplizierte Probleme."

Diese relativ standardisierte Form der Aussagenebene lässt zwar wenig Raum für eine individuelle Ausgestaltung des Urteils. Sie vereinfacht jedoch die Ergebnisermittlung, erhöht die Vergleichbarkeit von Kompetenzeinschätzungen und erleichtert somit die Kommunikation vor allem zwischen verschiedenen Feedbacknehmern.

Die Kritik: 360°-Feedback als mikropolitischer Prozess

Kritiker wie Neuberger (2000) oder Sprenger (2005) machen gegen die Auffassung, beim 360°-Feedback handele es sich in erster Linie um ein Rahmenkonzept zur Kompetenzentwicklung von Führungskräften, eine Reihe von Einwänden geltend. Diese lassen sich in einem Prozessmodell wie folgend zusammenfassen:

1. Schritt: Die machtpolitische Zielsetzung

Im Sinne der Kritik wird geltend gemacht, dass das Ziel des 360°-Feedbacks in aller Regel nicht darin bestünde, Urteile und Einschätzungen zum Zweck der Führungskräfteentwicklung einzuholen. Zwar wird mit diesem Ziel im Zusammenhang mit der Einführung von Feedbacksystemen um Akzeptanz geworben („Wir wollen unsere Führungskräfte auf die zukünftigen Herausforderungen bestmöglich vorbereiten"), aber die „hidden agenda" ist eine andere. Das Ansinnen der Unternehmensleitung besteht darin, die Führungskräfte mit dem 360°-Feedback zu disziplinieren und unangenehme Entscheidungen vorzubereiten: „Oder wollen die Unternehmenslenker unter den Führungskräften einmal gründlich ‚aufräumen' (das

Wort ‚ausmerzen' fällt in diesem Zusammenhang häufig), Entlassungen weich vorbereiten, quasiobjektive Verfahren vorschieben, weil sie die persönliche Exekution unangenehmer Personalentscheidungen scheuen?" (Sprenger, 2005, S. 364). Ähnlich kritisch argumentieren Fallgatter und Stelzer (2008), die in der Feedbackpraxis eine Vermengung administrativer und führungsbezogener Aspekte beobachten.

2. Schritt: Die selektive Wahrnehmung

Da alle Beteiligten implizit davon ausgehen, dass die Zielsetzung auch eine machtpolitische ist, werden sie ihre Wahrnehmung nicht primär am Können der zu beurteilenden Führungskraft orientieren, sondern an den zu erwartenden Konsequenzen des Feedbacks. Dies hat zur Folge, dass die ohnehin wirksamen Wahrnehmungsfilter verstärkt aktiviert werden, sodass die Kompetenzeinschätzungen nur noch wenig mit der beobachtbaren Führungsrealität zu tun haben.

3. Schritt: Die geringe Validität der Ergebnisse

Sowohl die sich selbst beurteilenden Führungskräfte als auch ihre Fremdbeurteiler geraten in eine Zwickmühle: Handelt es sich um eine Führungskraft, die ohnehin in der Kritik steht, wird sie einerseits den Drang verspüren, sich selbst unangemessen aufzuwerten (im Sinne eines „impression management"). Auf der anderen Seite wird sie annehmen müssen, gerade durch eine solche Aufwertung ihres Selbstbildes die Kritik an ihrer Person zu verstärken. Neuberger (2000, S. 54) weist etwa auf die Gefahr hin, dass die Feedbackgeber ihre Urteile auf der Basis der Wahrnehmung der Beziehungsqualität abgeben (dass es folglich gar nicht so sehr um das Leistungsverhalten geht): „Beurteilt werden Beziehungen". Zudem müssen sie ihrerseits Repressalien fürchten, wenn sie die Führungskraft negativ beurteilen. Sie werden daher in „vorauseilendem Gehorsam" eher milde Urteile abgeben – dies allerdings um den Preis, wenig zur Kompetenzentwicklung der Führungskraft beisteuern zu können. Beide Seiten tragen somit dazu bei, die Validität (Gültigkeit) der Einschätzungen zu verringern. Die Gültigkeit der Urteile wird schließlich weiter vermindert, indem die Urteile ganz überwiegend auf das Verhalten von Personen ausgerichtet werden – obwohl es doch Teil eines sehr komplexen, situativ eingebetteten Organisationsgeschehens ist (vgl. Neuberger, 2000, S. 31; S. 61). Indem demnach die Attributionsrichtung der Feedbackgeber festgelegt wird, nimmt man sich und den beteiligten Personen die Möglichkeit, einen *stärker ganzheitlich* fundierten Blick auf die Führungswirklichkeit zu werfen.

4. Schritt: Die Erhöhung des Konfliktpotenzials

Wenig valide Aussagen sind für das Ziel der Kompetenzentwicklung kontraproduktiv. Überzogene Selbsturteile, milde oder auch übermäßig strenge Fremdurteile säen gegenseitig Zweifel am Interesse von Feedbackgeber und -nehmer, die Führungssituation verbessern zu wollen. Anstatt gemeinsam den Ursachen für die unterschiedlichen Eindrucksperspektiven nachzugehen, wird es zu Auseinandersetzungen mit fraglichem Ausgang kommen. War es neben dem verborgenen das erklärte Ziel, eine offenere Führungskultur zu installieren, werden evtl. vorhandene Ressentiments zwischen den Beteiligten noch verstärkt. (Und am Ende richtet sich die Kritik vor allem auch an die personalverantwortliche Stelle, die „den Prozess nicht professionell gemanagt hat" ...)

2.5 Prozessmodell und zentrale Forschungsbefunde

Es liegen zurzeit noch wenig geprüfte Modelle zur Wirksamkeit und zu den Effekten eines 360°-Feedback-Prozesses vor. London und Smither (1995) haben auf der Basis einer Vielzahl von Studien die wichtigsten Effekte und Wirkungsbeziehungen von Multisource Feedbacks in einem Prozessmodell abgebildet (siehe Abbildung 5). Im Folgenden werden die wichtigsten Komponenten des Modells und ihre Verbindungen untereinander dargestellt. Zusätzlich werden die in diesem Zusammenhang vorliegenden empirischen Befunde abrissartig präsentiert. Die Darstellungen zu den nummerierten Kästchen des Modells erfolgen jeweils in den entsprechenden Unterkapiteln (vgl. Abschnitt 2.5.1 bis 2.5.6).

2.5.1 Die Urteilsdifferenzen zwischen Selbst- und Fremdurteil

Urteilsdifferenzen führen seitens der Fokuspersonen zu Erklärungsversuchen

Die Abweichung zwischen dem Selbst- und dem Fremdurteil durch die Feedbackgeber wird als *Urteilsdifferenz* bezeichnet. Eine Fokusperson schenkt Urteilsdifferenzen umso größere Aufmerksamkeit, je größer diese ausgeprägt sind. Sie sieht sich veranlasst, sich und anderen die Differenzen zu erklären – v.a. dann, wenn ihre Umgebung sie ungünstiger einschätzt als sie sich selbst. Sie wird sich weiterhin fragen, *warum* ihr Umfeld sie anders sieht, und wird versuchen, diesen unangenehm „dissonanten" Zustand zu beenden.

Allerdings gilt dieser Effekt nur, wenn sich die Feedbackgeber in ihrem Urteil weitgehend einig sind (d.h. bei einer niedrigen Standardabweichung

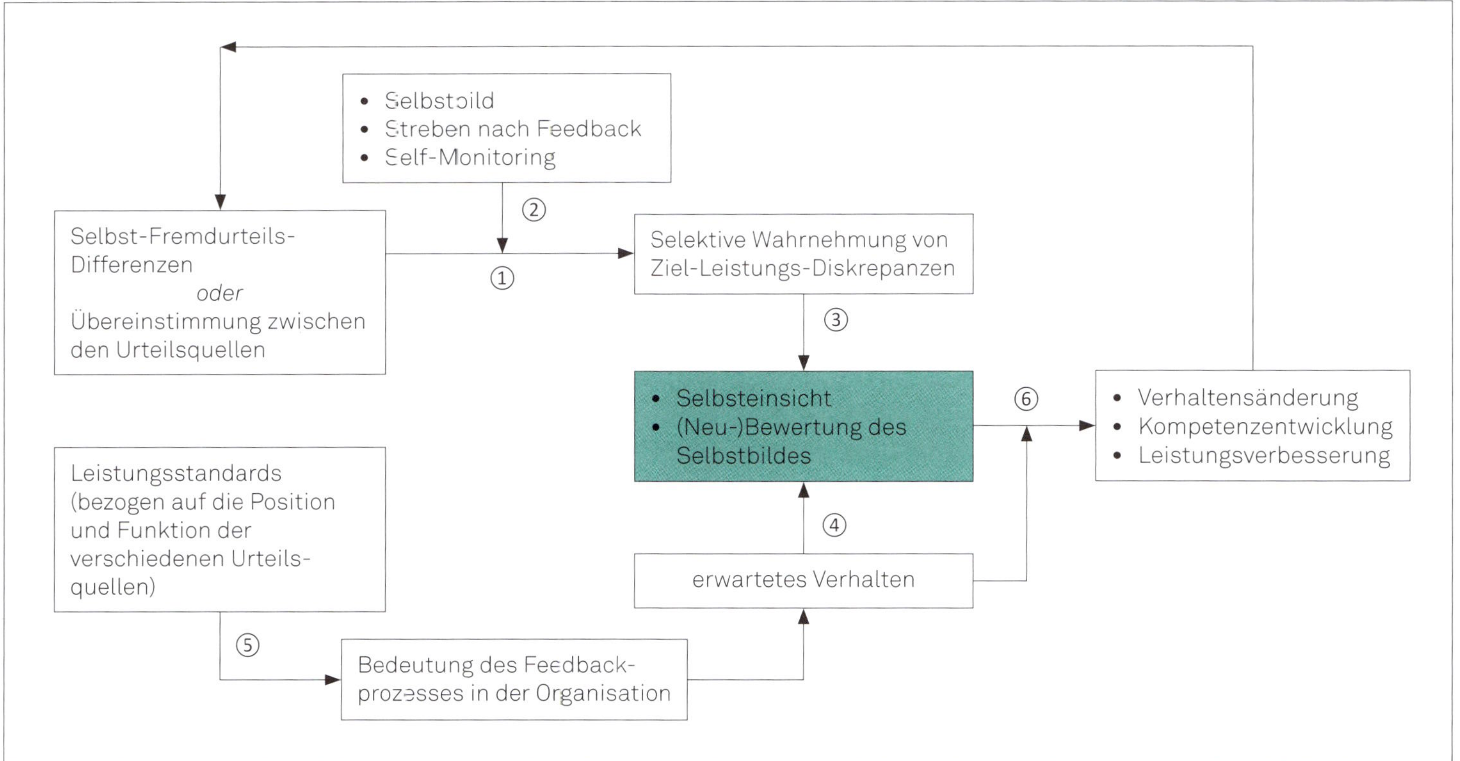

Anmerkung: Die Darstellungen zu den eingekreisten Ziffern (①–⑥) erfolgen jeweils im nachfolgenden Text.

Abbildung 5: Feedbackmodell mit den wichtigsten psychologischen Einflussfaktoren (mod. nach London & Smither, 1995, S. 808)

innerhalb der jeweiligen Gruppe der Feedbackgeber). Ist dies nicht der Fall und die Feedbackgeber geben deutlich unterschiedliche Urteile ab, wird die Fokusperson Erklärungen bei den Feedbackgebern und weniger in der eigenen Person suchen (im Sinne: die „verstimmten Mitarbeiter“ oder „neidischen Kollegen“ haben mich absichtlich schlecht beurteilt).

Muster der Urteilsdifferenzen

Um die Diskussion und Analyse von Urteilsdifferenzen im 360°-Feedback zu erleichtern, wurden bereits frühzeitig Kategorisierungsversuche unternommen (Atwater & Yammarino, 1997; Atwater, Ostroff, Yammarino & Fleenor, 1998). In etwas vereinfachter Form und unter Rückgriff auf die Studien von Atwater sind drei Muster unterscheidbar (siehe auch Scherm, 2014, S. 178):

- *Kongruenz:* Die Fokusperson schätzt ihre Kompetenzen in Übereinstimmung mit ihren bzw. seinen Feedbackgebern ein. Eine zusätzliche Differenzierung lässt sich mit Blick auf die Kompetenzhöhe angeben, indem man in „Kongruenz – niedriges Kompetenzniveau“ und „Kongruenz – hohes Kompetenzniveau“ unterscheidet.
- *Überschätzung:* Die Fokusperson schätzt ihre Kompetenzen gemessen an ihren Feedbackgebern zu hoch ein.
- *Unterschätzung:* Die Fokusperson schätzt ihre Kompetenzen zu niedrig ein.

2.5.2 Der Zusammenhang der Urteilsdifferenzen mit Leistung und Zielerreichung

Dieser Effekt betrifft die Differenzen zwischen Selbst- und Fremdurteil und die Frage, inwieweit eine Führungskraft mit ihrer Leistung die angestrebten Ziele auch tatsächlich erreicht hat. Eine Führungskraft also, die

- über ein positives *Selbstbild* verfügt,
- kontinuierlich bestrebt ist, in ihrer Umgebung Feedback einzuholen und
- in der Lage ist, verbale und nonverbale Reize von Personen ihrer Umgebung valide zu deuten und ihr Verhalten daran auszurichten (Self-Monitoring),

wird Differenzen zwischen ihrer Selbst- und den Fremdbeurteilungen mit hoher Wahrscheinlichkeit in Zusammenhang mit ihrer eigenen Leistung bringen ①. Folgt sie dem Muster der *Überschätzung*, wird sie vermuten, dass die Feedbackgeber die von ihr erreichten Ergebnisse eher kritisch einschätzen, und an ihrer Leistung zweifeln. Dies wird umso stärker der Fall sein, je weniger klar die zu erreichenden Ziele konfiguriert sind. (Und der Fall, dass Ziele in der Linie eher vage abgestimmt werden, ist nicht nur im Mittelstand ein gängiges Phänomen.) Folgt sie dem Muster der *Unterschätzung*, wird sie sich in ihren Leistungen bestätigt sehen. Sie wird jedoch ihr Selbstkonzept kritisch mit der Frage überprüfen, warum sie ihre Kompetenzen so niedrig beurteilt hat und sich mittel- bis langfristig positiver einschätzen. Hier liegt für die Frage der Entwicklung eine Gefahr insofern, dass eine in der Folge des ersten Feedbacks erhöhte Selbsteinschätzung mit einem nachlassenden Leistungsverhalten einhergehen kann (übertrieben formuliert: „meine Feedbackgeber sehen mich ja positiver als ich mich selbst, dann muss ich mich ja nicht mehr so stark anstrengen"). In einer wiederholten Feedbackrunde (Follow-up) zeigt sich dann des Öfteren bei den Fremdeinschätzungen eine abgeschwächte Kompetenzzuschreibung.

Empirische Befunde zur Frage der Urteilsdifferenzen

Im Zusammenhang mit der Frage der Urteilsdifferenzen sind eine Reihe von *empirischen Befunden* diagnostisch interessant:

- In einem Überblicksbeitrag werden die Faktoren kategorisiert, die die Selbsteinschätzung sowie die Übereinstimmung zwischen Selbst- und Fremdeinschätzungen beeinflussen (Fleenor, Smither, Atwater, Braddy & Sturm, 2010). Die Autoren unterscheiden drei Kategorien: (1) biografische Merkmale, (2) Persönlichkeitsmerkmale und individuelle Charakteristiken sowie (3) berufsrelevante Erfahrungen. Hinsichtlich der ersten Kategorie fassen sie die vorliegenden Befunde u. a. dahingehend zusammen, dass Männer und ältere Personen ihre Fähigkeiten tendenziell *überschätzen* (S. 1007); dies gilt gleichermaßen für Personen in höheren Positionen. Hinsichtlich der zweiten Kategorie sollen hier zwei Ergebnisse herausgegriffen werden: Zum einen besteht ein Zusammenhang zwischen der *Empathie* einer Fokusperson und dem Grad der Übereinstimmung ihrer Selbst- mit den Fremdeinschätzungen (S. 1008). Zum anderen wird unter Bezug auf eine Studie von Judge, LePine und Rich (2006) berichtet, dass *narzisstische* Führungskräfte höhere Selbsteinschätzungen bezüglich ihrer Fähigkeiten abgeben (wobei in der Originalstudie zusätzlich ein überlappender Einfluss von Persönlichkeitseigenschaften kontrolliert wurde; siehe Judge et al., 2006, S. 765 ff.). Bezüglich der dritten Kategorie ist besonders erwähnenswert, dass *wiederholte Feedbackprozesse* zu einer stärkeren Übereinstimmung von Selbst- und Fremdeinschätzungen führen (allerdings ist hierbei nicht klar, ob dafür eine verbesserte Selbstwahrnehmung der Fokuspersonen oder schlicht ein verändertes Ratingverhalten der Feedbackgeber verantwortlich ist; S. 1011). Führungskräfte mit dem Muster „Kongruenz – hohes Kompetenzniveau" gelten in ihren Organisationen – gemessen an den von ihnen erzielten Resultaten – auch als *leistungsstark*. Sie setzen sich anspruchsvolle Ziele und erfahren in ihrer Tätigkeit Rückhalt bei ihren Mitarbeitern und Vorgesetzten (Bandura, 1982).

Faktoren, die den Grad der Übereinstimmung zwischen Selbst- und Fremdeinschätzung beeinflussen

- Führungskräfte mit dem Muster „Kongruenz – niedriges Kompetenzniveau", die sich selbst in *Übereinstimmung* mit ihren Feedbackgebern lediglich *geringe* Kompetenzen attestieren, weisen ein niedriges Leistungsniveau auf (Atwater & Yammarino, 1997).

Führungskräfte, die sich überschätzen, zeigen Probleme in ihren Karriereverläufen

- Auch Führungskräfte des Musters „Überschätzung" gelten in ihren Unternehmen als „Schwachleister" (Yammarino & Atwater, 1993). Sie scheitern in ihrer Karriere eher als solche Personen, die hinsichtlich ihrer Selbsteinschätzung zum gleichen Urteil wie ihre Umgebung kommen (Bass & Yammarino, 1991). Für Probleme im Karriereverlauf sowie für das niedrige Leistungsniveau gibt es zwei gewichtige Gründe: Zum einen unterhalten sie in der Regel keine guten Beziehungen zu ihren Mitarbeiterinnen und Mitarbeitern und erfahren insofern wenig Unterstützung, zum anderen realisieren sie die Erwartungen sowohl ihrer Kunden als auch ihrer Kollegen an sie selbst nicht.
- Die Gruppe der Führungskräfte mit dem Muster „Unterschätzung" weist dagegen unterschiedliche Leistungsniveaus auf. Unter ihnen finden sich leistungsstarke, durchschnittliche und auch leistungsschwache Personen. Führungskräfte dieses Typs suchen sich eher einfache Aufgaben und setzen sich in aller Regel keine ehrgeizigen Ziele (Bandura, 1982).

Die Selbsturteile von Führungskräften fallen positiver aus als die Fremdurteile, die sie erhalten

- Generell scheinen Führungskräfte dazu zu neigen, sich in stärkerem Maße Kompetenzen zu attestieren, als ihnen dies von ihrer feedbackgebenden Umgebung zugeschrieben wird. Sie beurteilen sich selbst offenbar milder. So berichtet eine Studie von mittleren Unterschiedseffekten ($d=.49$) u.a. zwischen dem Selbsturteil von Führungskräften und dem Urteil ihrer Kollegen z.B. hinsichtlich des Kompetenzfaktors „Ergebnisse produzieren" (Beehr, Ivanitskaya, Hansen, Erofeev & Gudanowski, 2001, S. 781ff.).
- Hinsichtlich der Frage, inwieweit die *Feedbackgeber-Gruppen*, d.h. die *verschiedenen Perspektiven* der Vorgesetzten, Kollegen und Mitarbeiter hinsichtlich ihrer Einschätzungen übereinstimmen, liegen einige metaanalytische Befunde vor (siehe zusammenfassend Scherm, 2014, S. 135ff.). Harris und Schaubroeck (1988) verzeichnen in ihrer Analyse eine korrelative Übereinstimmung zwischen Vorgesetzten und Kollegen von .48. Conway und Huffcutt (1997) gelangen hinsichtlich der Vorgesetzten-Kollegen-Übereinstimmung zu einem deutlich niedrigeren Wert von .34, bezüglich der Übereinstimmung zwischen Kollegen und Mitarbeitern von .22 und zwischen Vorgesetzten und Mitarbeitern ebenfalls von .22. Hinsichtlich des gerade für den Erfolg von Führung so bedeutsamen Vergleichs von Vorgesetzten und Mitarbeitern gelangt eine eigene Studie mit Führungskräften der Wirtschaft im deutschsprachigen Raum zu höheren Werten (Scherm, 2014, S. 148ff.). Untersucht wurde die korrelative Übereinstimmung zwischen Vorgesetzten und Mitarbeitern hinsichtlich ihrer Feedbacks auf die im Mittelpunkt stehenden Führungskräfte. Bezüglich des ergebnisbezogenen Verhaltens zeigt sich eine Übereinstimmung von .46, bezüglich des kooperationsbezogenen Verhaltens von .35. Offenbar ist es für Vorgesetzte und Mitarbeiter etwas einfacher, sich über die Güte der Arbeitsprodukte zu verständigen als über die Qualität der zugrundeliegenden Beziehung.
- Hinsichtlich der Übereinstimmung innerhalb der *Feedbackgeber-Gruppen* gibt die oben zitierte Studie von Beehr et al. ebenfalls Aufschluss. Die

Gruppe der Kollegen und die der Vorgesetzten stimmen in ihrem Urteil mit einem mittleren Korrelationseffekt von $r=.40$ überein, während die Korrelation zu den Selbstbeurteilungen der Führungskräfte mit $r=.12$ lediglich einen kleinen Übereinstimmungseffekt zeigt (Beehr et al., 2001, S. 779). Zudem sind sich die Kollegen in ihren Einschätzungen *untereinander* in höherem Maße einig als Vorgesetzte und Mitarbeiter. Die sogenannte „Interrater-Reliabilität" (siehe Abschnitt 4.1) beträgt bei der Gruppe der Kollegen $\rho^2=.57$, bei der Gruppe der Vorgesetzten $\rho^2=.38$ und bei der Gruppe der Mitarbeiter $\rho^2=.48$ (Greguras & Robie, 1998, S. 964).

- Allerdings sind es gerade die Kollegenurteile, die vonseiten der Fokuspersonen relativ wenig geschätzt zu werden scheinen. Auf die Frage, inwieweit sie das ihnen gegebene Feedback akzeptieren, stufen beispielsweise $n=220$ Führungskräfte eines amerikanischen öffentlichen Versorgungsunternehmens das Kollegenfeedback niedriger als das Mitarbeiterfeedback ein (Facteau, Facteau, Schoel, Russell & Poteet, 1998, S. 438).
- Und es gibt Anhaltspunkte für die Annahme, dass Urteilsdifferenzen, zumindest über kurze Zeiträume hinweg betrachtet, relativ stabil sind. So konnte in einer Studie mit $n=31$ weiblichen Führungskräften gezeigt werden, dass die gemessenen Differenzen zwischen der Selbst- und der Fremdbeurteilung zwischen zwei Zeitpunkten t_1 und t_2 (Abstand: ein Monat) hoch korrelieren. Mit $\bar{r}=.72$ handelt es sich um einen starken Effekt (Nilsen & Campbell, 1993, S. 266 ff.). Dies legt zum einen die Vermutung nahe, dass sich die Feedbackgeber über kurze Zeitspannen hinweg betrachtet relativ stabil in ihrem Eindrucksurteil zeigen. Zum anderen darf man annehmen, dass Feedbacks kurzfristig nur moderate Verhaltensänderungen aufseiten der Fokuspersonen bewirken.

Urteilsdifferenzen sind über kurze Zeiträume hinweg stabil

- Der angenommene Zusammenhang schließlich zwischen der Fähigkeit zum „Self-Monitoring" ② und verschiedenen Kompetenzen erweist sich bei empirischer Prüfung als gering (Warech, Smither, Reilly, Millsap & Reilly, 1998, S. 464 ff.). So korreliert Self-Monitoring mit der Vorgesetzteneinschätzung bezüglich des Feedbackbereichs *Interpersonelle Kompetenzen* (Beispieldimensionen: „Aufbauen und Entwickeln von Teams", „Andere Beeinflussen") lediglich zu $r=.15$, was einem kleinen Effekt entspricht. Der Zusammenhang zwischen Self-Monitoring und der Vorgesetzteneinschätzung bezüglich des Feedbackbereichs *Geschäftskompetenzen* (Beispieldimensionen: „Planen und Implementieren", „Strategisches Denken") zeigt mit $r=.05$ praktisch keinen Effekt. Ebenfalls kein Zusammenhang besteht zwischen Self-Monitoring und der Einschätzung der Kollegen für beide Kompetenzbereiche (mit Interpersonellen Kompetenzen: $r=-.02$, mit Geschäftskompetenzen: $r=-.09$).

Die Fähigkeit zum Self-Monitoring sagt noch nichts über die sozialen Kompetenzen aus

Mit Blick schließlich auf die Reliabilität der Feedbackurteile (siehe Abschnitt 4.1) ist es wahrscheinlich, dass auch das zu beurteilende Konstrukt selbst eine Rolle spielt. Hensel, Meijers, van der Leeden und Kessels (2010, S. 2819 ff.)

konnten zeigen, dass für eine akzeptable Reliabilität (.70) für die Kompetenz der „Entwicklungs*fähigkeit*" eine größere Anzahl an Ratern notwendig ist als für die Kompetenz der eigenen „Entwicklungs*motivation*". Während bzgl. der Entwicklungsfähigkeit 11 Rater für eine akzeptable Reliabilität nötig sind, sind es für die Entwicklungsmotivation nur 7.

2.5.3 Die Wahrnehmung von Ziel-Leistungs-Diskrepanzen und ihr Einfluss auf die Selbsteinsicht und das Selbstbild

Eine weitere wichtige Nahtstelle im Feedbackmodell stellt der Zusammenhang zwischen Ziel-Leistungs-Diskrepanzen und der Selbsteinsicht sowie einer möglichen Neubewertung des Selbstbilds der Fokusperson dar ③.

Die zentrale Rolle für die Fähigkeit, das eigene Verhalten verändern zu können, nimmt in diesem Zusammenhang die *Selbsteinsicht* ein. Zwei theoretische Auffassungen stehen einander gegenüber (London & Smither, 1995, S. 816f.):

Wird Selbsteinsicht über die vermutete Meinung wichtiger anderer Personen gewonnen oder …

1. Die *interaktionistische* Position geht davon aus, dass die Selbstwahrnehmung einer Person und die aus ihr zu gewinnenden Einsichten davon gesteuert werden, wie sie *glaubt*, dass andere, ihr wichtige Personen sie sehen (sie definiert sich quasi über die Meinung dieser anderen). Ihre Selbsteinsicht und ihr Bild von sich gewinnt sie, indem sie die Einschätzungen der anderen zu einem Gesamteindruck verdichtet. Nach dieser Auffassung wird eine Person, die überwiegend negatives Feedback erhält, zugleich annehmen, dass sie ihre Leistungsziele nicht erreicht hat. Infolgedessen wird sie ihr Selbstbild überdenken und gegebenenfalls verändern.

… durch den direkten Vergleich mit anderen?

2. Die stärker *individuumsbezogene* Auffassung besagt demgegenüber, dass eine Person zu Selbsteinsichten gelangt, indem sie sich *direkt* mit anderen *vergleicht*. Sie orientiert sich weniger an den vermuteten Einschätzungen ihrer Umgebung, sondern stützt sich überwiegend auf die Beobachtung ihres eigenen Verhaltens und ihrer Kompetenzen. Sie wird ihr Selbstbild nur dann verändern, wenn sie wiederholt negatives Feedback erhält und die Feedbackgeber für sie sehr wichtig sind.

Die seitens eines Unternehmens an Feedbackprozesse geknüpften Erwartungen bestehen darin, dass die Feedbackempfänger ihr Selbstbild mit ihren gezeigten Leistungen in Verbindung setzen. Es liegen zurzeit noch wenige empirische Studien vor, die Aufschluss darüber geben können, in welcher Weise sich die Selbsteinsicht oder das Selbstbild im Zuge eines Feedbackprozesses verändern. Jedoch gibt es erste Hinweise darauf, dass Führungskräfte, die sich tendenziell überschätzen, ihr Selbstbild nach dem Feedback kritisch infrage stellen. Führungskräfte, die sich eher unterschätzen, neigen dagegen dazu, sich selbst positiver zu bewerten (Atwater, Rousch & Fischthal, 1995).

2.5.4 Das erwartete Verhalten und die Bedeutung des Feedbackprozesses

Je verbindlicher die Verhaltenserwartungen, desto größere Aufmerksamkeit genießen Feedbackprozesse

Die mit einer Position verbundenen Verhaltensstandards (im Sinne von Kompetenzen oder Fähigkeiten) werden seitens der personalverantwortlichen Stelle häufig in Anforderungsprofilen definiert und im Verhältnis zwischen Vorgesetztem und Mitarbeiter beständig aktualisiert. Feedbackprozesse erhöhen besonders dann die Aufmerksamkeit für das erwartete Verhalten, wenn unterschiedliche Feedbackquellen (Vorgesetzte, Kollegen, Mitarbeiter) einbezogen werden, die jeweils eigene Erwartungen an die zu beurteilenden Fokuspersonen artikulieren ④. Je eindeutiger und verbindlicher die Verhaltensstandards für Führungskräfte gehalten sind, desto eher führen Joberfahrungen zu nachhaltigen Lernprozessen und zu einer erweiterten Sicht der eigenen Person. Werden an sie dagegen vom Umfeld unterschiedliche oder einander entgegenstehende Verhaltensanforderungen herangetragen, so wird ihnen die Deutung von Feedback und damit die intendierte Persönlichkeitsentwicklung erschwert.

Übereinstimmung bzgl. der Wichtigkeit von Kompetenzen?

Interessanterweise stimmen nun Positionsinhaber und ihre Vorgesetzten in der Realität wohl nicht sonderlich gut darin überein, welche Kompetenzen für den Joberfolg wichtig sind – und welche nicht. So wurde beispielsweise an einer Stichprobe von $n = 140$ Managern einer US-amerikanischen Minengesellschaft (Yammarino & Waldman, 1993) eine eher mäßige mittlere Übereinstimmung zwischen den eingeschätzten Positionsinhabern und Vorgesetzten von $\bar{r} = .27$ hinsichtlich der Wichtigkeit zentraler Kompetenzen („technische Fähigkeiten", „Planung und Kontrolle", „Kommunikation" etc.) gefunden – wahrlich kein Nachweis für Einmütigkeit. Noch weiter klaffte allerdings die Sicht der Dinge auseinander, in welchem Ausmaß die beurteilten Manager über die infrage stehenden Kompetenzen verfügten: Mit einer mittleren Übereinstimmung von lediglich $\bar{r} = .07$ zeigt sich ein sehr uneinheitliches Bild der Kompetenzbeurteilung. Wie nicht anders zu erwarten, schätzen die Vorgesetzten ihre Manager in der Tendenz kritischer ein als diese sich selbst.

2.5.5 Die erwartete Leistung und die Bedeutung des Feedbackprozesses

Jedes professionell installierte und gemanagte 360°-Feedback sollte nicht nur Erwartungen an das zu zeigende *Verhalten* klären, sondern auch hinsichtlich der *Leistungen* und Ergebnisse. Zwar herrscht auch in deutschen Unternehmen die Auffassung vor, Feedbacksysteme überwiegend zur Personalentwicklung einzusetzen. Doch angesichts des erheblichen Aufwands, den die Unternehmen dabei treiben, stellt sich doch vielerorts die Frage, ob eine erfolgreiche Kompetenzentwicklung mittel- und langfristig nicht auch von einer messbaren *Leistungs-* und *Ergebnisverbesserung* begleitet sein sollte. Ansonsten besteht die Gefahr, dass sich allein die leistungsmotivierten Personen ihre Feedbackergebnisse zu Herzen nehmen, ernsthaft an sich arbeiten und ihre Ergebnisse verbessern – und die anderen womöglich weitermachen wie bisher (Bracken, 1997).

Je verbindlicher die Leistungserwartungen, desto größere Aufmerksamkeit genießen Feedbackprozesse

Welchen Einfluss haben *Leistungsstandards* bzw. die Frage, als wie verbindlich diese im Unternehmen angesehen werden, auf die *Beachtung* und die *Akzeptanz* von Feedbackprozessen ⑤? Es liegt auf der Hand, dass ein Feedbacksystem umso mehr Beachtung und Commitment seitens der Organisation erfährt, je verbindlicher neben den Verhaltens- auch die Leistungsstandards im Unternehmen gelten. Bestehen unternehmensintern größere Unsicherheiten oder Differenzen über die Standards, wird das an die Führungskräfte übermittelte Feedback sein Veränderungspotenzial nur vereinzelt oder gar nicht entfalten können.

Die Beachtung, die die Einführung eines 360°-Feedbacks erfährt, ist zu großen Teilen auch davon abhängig, mit welcher *Einstellung* die Beteiligten dem Prozess gegenüberstehen. Die Einstellung dürfte wiederum von Personenmerkmalen wie der Leistungsmotivation und/oder dem Selbstvertrauen beeinflusst sein. Aus der Vielzahl möglicher Einflussgrößen seien drei Variablen hervorgehoben, die in Beziehung zu der Einstellung von potenziellen Feedbacknehmern zu einem *geplanten* (d.h. noch nicht durchgeführten) 360°-Feedback gesetzt und empirisch überprüft wurden (Funderburg & Levy, 1997; alle befragten $n=52$ Feedbacknehmer verfügten über erste, vergleichsweise wenig tiefgehende Feedbackerfahrungen aus einem Pilotprojekt):

Drei Befunde und Regeln zur Einstellung gegenüber Feedbackprozessen

- Je stärker der potenzielle Feedbacknehmer sich selbst *wertschätzt* und *achtet*, desto positiver steht er der Einführung des Feedbacks gegenüber ($r=.27$).

> **Regel 1:** Personen, die eine hohe Selbstachtung aufweisen, zeigen sich offen für Feedbackprozesse!

- Je mehr der Feedbacknehmer davon ausgeht, dass er die ihn betreffenden, wichtigen beruflichen und privaten Dinge *selbst beeinflussen* kann, desto positiver steht er gleichfalls der Einführung des Feedbacks gegenüber ($r=.28$).

> **Regel 2:** Personen, die von ihrer Selbstwirksamkeit überzeugt sind, zeigen sich offen für Feedbackprozesse!

- Je höher der individuelle, psychische Aufwand ist, den die beteiligten Personen im Falle der Einführung eines Feedbacksystems für sich erwarten, desto negativer stehen sie dem Feedback gegenüber ($r=-.35$). Der Aufwand bezieht sich auf solche Vorgänge wie Mitarbeiter und Kollegen als Feedbackgeber zu gewinnen, auch unangenehmes Feedback mit dem eigenen Team zu besprechen, Maßnahmen und Verhaltensänderungen einzuleiten usw.

Regel 3: Personen, die mit der Einführung von Feedbackprozessen besondere individuelle Belastungen erwarten, stehen diesen eher ablehnend gegenüber!

Überdies ließe sich der Zusammenhang zwischen diesen beiden Modellkomponenten (⑤ Leistungsstandards und Bedeutung des Feedbackprozesses in der Organisation; vgl. Abbildung 5) auch in umgekehrter Richtung darstellen. Denn je stärker sich die Beteiligten dem Feedbackprozess verpflichten, desto wahrscheinlicher ist ein Einfluss auf die Diskussion von Leistungsstandards. Eine offene Betrachtung und Analyse der Feedbackergebnisse trägt dazu bei herauszufinden, welche Kompetenzen zu außerordentlichen Leistungen beigetragen haben (und auch, welche Kompetenzdefizite zu Misserfolgen geführt haben). Dieser Umstand berührt direkt die Frage der Ergebnisse von Feedbackprozessen.

2.5.6 Die Ergebnisse von Feedbackprozessen

Das erklärte Ziel von 360°-Feedback-Prozessen ist die Persönlichkeitsentwicklung von Führungskräften. Die angenommene Prozess-Logik des Verfahrens liegt darin, dass der kompetenzbezogene Abgleich des Selbstbildes mit dem Fremdbild die Selbsteinsicht der Feedbacknehmer erhöht und mittel- bzw. langfristig eine Verbesserung der eigenen Kompetenzen zeitigt ⑥. Welche Erfahrungswerte lassen sich nun aus der Praxis gewinnen? Wie reagieren die Teilnehmer an Feedbackprozessen auf die ihnen vermittelten Rückmeldungen bezüglich ihres Führungsverhaltens und ihrer Kompetenzen? Und: Gelingt eine nachhaltige Kompetenzentwicklung? Wenn ja: Unter welchen Bedingungen?

- Die Reaktion der Teilnehmer von Feedbackprozessen

Positiv eingeschätzte Führungskräfte akzeptieren ihr Feedback …

Es lassen sich *affektive* (gefühlsbezogene), *kognitive* (denk- und vorstellungsbezogene) sowie *verhaltensbezogene* Reaktionen auf Feedback unterscheiden (Taylor, Fisher & Ilgen, 1984). Eine Fokusperson kann sich über das ihr gegebene Feedback freuen, sie kann sich darüber ärgern (affektive Reaktionen); sie kann Vermutungen darüber anstellen, warum die Feedbackgeber so und nicht anders geurteilt haben (kognitive Reaktionen); sie kann schließlich versuchen, ihr Verhalten in bestimmten Situationen zu verändern (verhaltensbezogene Reaktionen) usw. Als wichtigsten Einflussfaktor auf mögliche affektive Reaktionen identifiziert Farr (1991, S. 66) das „wahrgenommene Vorzeichen der Feedback-Botschaft", d. h. ob das Feedback für die Fokusperson in seiner Essenz eher positiv, neutral oder negativ aufzufassen ist. Demnach führt positives Feedback zu eher angenehm getönten, negatives Feedback zu eher unangenehm getönten Affekten.

Für die Bereitschaft, die Ergebnisse des Feedbacks als Ausgangspunkt der eigenen Veränderung anzunehmen, ist die Frage bedeutsam, inwieweit diese akzeptiert werden oder nicht. Die vorliegenden empirischen Studien zur individuellen Akzeptanz von Feedbackergebnissen zeigen klare Zusammenhänge auf. Wie zunächst von der Alltagserfahrung her nicht anders zu erwarten, akzeptieren Führungskräfte, die von Mitarbeitern und Kollegen positiv eingeschätzt werden, das Ergebnis als akkurates, für ihre Person stimmiges Feedback und sind insofern auch für kritische „Zwischentöne" offen (Facteau et al., 1998, S. 437 ff.).

… negativ eingeschätzte dagegen nicht

Allerdings: Je negativer und ungünstiger die Ergebnisse ausfallen, desto weniger sind Führungskräfte geneigt, diese zu akzeptieren. Sie verlegen die Verantwortlichkeit für das Feedback im Sinne eines defensiven Problemlösungsstils auf die Seite der Feedbackgeber und suchen bei diesen nach Gründen für die Ergebnisse („die revanchieren sich jetzt für unbequeme Entscheidungen", „die Kollegen sind wohl neidisch auf meinen Erfolg" o. Ä.).

Nachdenklich muss in dem Zusammenhang stimmen, dass diejenigen Führungskräfte, die ihr Feedback überwiegend nicht akzeptieren, dieses zugleich auch als wenig nützlich für ihre weitere persönliche Entwicklung betrachten. Insofern dürften die z. T. hohen Erwartungen an die „katalytische" Wirkung von Feedback (vgl. Kasten „Ziele und beabsichtigte Effekte des Einsatzes von 360°-Feedback als Katalysator des Lernens für Führungskräfte" auf Seite 20 ff., z. B. Punkte 2 und 6) zumindest für diese Gruppe Fokuspersonen nicht erfüllt werden.

- Kompetenzentwicklung

Zur wichtigen Frage einer durch Feedback angestifteten *Kompetenzentwicklung* liegen inzwischen eine Reihe von Studien vor (u. a. Atwater et al., 1995; Goldsmith & Underhill, 2001; Smither, London, Flautt, Vargas & Kucine, 2003; Smither, London & Reilly, 2005; Smither, London, Vasilopoulos, Reilly, Millsap & Salvemini, 1995; Walker & Smither, 1999; Walker, Smither, Atwater, Dominick, Brett & Reilly, 2010).

Kompetenzentwicklung durch Feedback?

Bezüglich der Wirkung von Feedbackinterventionen im Allgemeinen zeigt eine Metaanalyse über 131 Publikationen mit einer großen Bandbreite von unterschiedlichen Aufgabenstellungen und Vorgehensweisen (inkl. leistungsbezogener Rückmeldungen), dass Feedback die Leistung der Feedbacknehmer mit einem nachweislichen Effekt verbessert (*d* = .41). Allerdings: Ein Drittel aller Feedbackinterventionen führte zu einer Leistungsverschlechterung (Kluger & DeNisi, 1996). Variablen, die einen moderierenden Einfluss auf die Wirkung von Feedbackinterventionen ausüben, sind demnach u. a.

- der Stil der Rückmeldung,
- der Grad der Bedrohung der eigenen Selbstwertschätzung durch das Feedback,
- die Frage der möglichen Konsequenzen.

Ein entmutigender *Rückmeldestil* verschlechtert die Chancen auf eine wünschenswerte Verhaltensentwicklung (dies versteht sich beinahe von selbst, denn wie sollte eine Führungskraft die Anstrengung einer Entwicklung auf sich nehmen, wenn ihr suggeriert wird, dass der Erfolg sowieso mehr als fraglich ist).

Mindestens ebenso gravierend ist der Umstand, dass die Fokusperson ihre *Selbstwertschätzung* durch das Feedback bedroht sieht. Sie ist dann primär damit beschäftigt, das Erleben einer Kränkung zu verhindern, indem sie sich ausweichend oder abwehrend verhält. Ist die Kränkung bereits eingetreten, wird sie bestrebt sein, diese aufzuarbeiten und ein „positives Gefühl" zu sich selbst zurückzugewinnen. Die innere Aufmerksamkeit ist auf das Selbst gerichtet – und deutlich weniger auf die für die Entwicklung bedeutsame Verhaltensebene!

Coaching-prozesse und 360°-Feedback

Jones, Woods und Guillaume (2015, S. 265) haben im Zusammenhang mit Coachingprozessen Ergebnisse vorgelegt, die zeigen, dass diese Prozesse deutlich weniger entwicklungswirksam sind, wenn sie durch 360°-Feedback-Prozesse begleitet werden. Sie erklären das eben durch die Gefahr, dass unerwartet negative Ergebnisse aufseiten der Fokusperson eine abwehrende Haltung bewirken und so die Aufmerksamkeit für die eigentlichen inhaltlichen Botschaften des Feedbacks verringern (S. 268; vgl. auch Abschnitt 3.2.4). Ob dies tatsächlich so ist oder gänzlich andere Gründe hat, kann nicht eindeutig geklärt werden, da die zitierte Studie in methodischer Hinsicht gravierende Schwächen aufweist. So gingen in die zu vergleichenden Bedingungen „Coaching ohne 360°-Feedback" vs. „Coaching mit 360°-Feedback" unterschiedliche berufliche Gruppen ein (in die erste neben Managern z. B. Schulleiterinnen/Schulleiter oder Technikerinnen/Techniker in Vorarbeiterfunktion, in die zweite außer Managern auch Lehrer und Leiter von Einzelhandelsgeschäften). Bleiben schließlich Feedbackprozesse ohne sichtbare Konsequenzen im Sinne von positiven oder negativen Anreizen, so ist dies gleichfalls wenig förderlich für die Entwicklung. Dessen ungeachtet weist die Studie indirekt darauf hin, dass die Platzierung und der Umgang mit 360°-Ergebnissen im Rahmen von Coachings sehr sorgsam vorgenommen werden sollten.

Längsschnittuntersuchungen. 1) Eine der ersten Studien von Hazucha et al. (1993) stützt sich auf ein 360°-Feedback mit $n=48$ beurteilten Führungskräften eines US-amerikanischen Unternehmens und ihre mögliche Entwicklung – als Resultat des Feedbackprozesses – innerhalb eines Zeitraums von zwei Jahren. Als Feedbackgeber wurden die Vorgesetzten, die Kollegen sowie die Mitarbeiter der Fokuspersonen einbezogen, zudem gaben diese eine Selbsteinschätzung ab. Beispiele abgefragter Kompetenzdimensionen sind „Planung", „Problemanalyse" und „Konfliktmanagement".

Führungskräfte verbessern ihre Kompetenzen auf der Basis von Feedback

Abbildung 6 zeigt das über alle abgefragten Dimensionen gemittelte Kompetenzergebnis. Sowohl die Selbst- als auch die Fremdeinschätzungen der Führungskräfte indizierten zwar *Verbesserungen* auf den durch das Feedbackinstrument vorgegebenen Dimensionen. Gleichwohl: Mag man die Verbesserungen auch als respektabel einstufen (wie die Autoren der Untersuchung dies tun), so handelt es sich doch nur um kleine Effekte ($d<.50$), d.h. die Veränderungen waren in der Tendenz gering. Denn wie die Führungskräfte selbst ihre Kompetenzen als mäßig verbessert einstufen (Mittelwert zum 1. Zeitpunkt: 3.59 vs. Mittelwert zum 2. Zeitpunkt: 3.71), so tun dies auch ihre Fremdeinschätzer (Mittelwert zum 1. Zeitpunkt: 3.66 vs. Mittelwert zum 2. Zeitpunkt: 3.74). Dieses Ergebnis ist sicherlich auch dazu angetan, die z.T. hohen Erwartungen an Feedbackinterventionen und ihre Wirksamkeit über die Zeit etwas zu dämpfen.

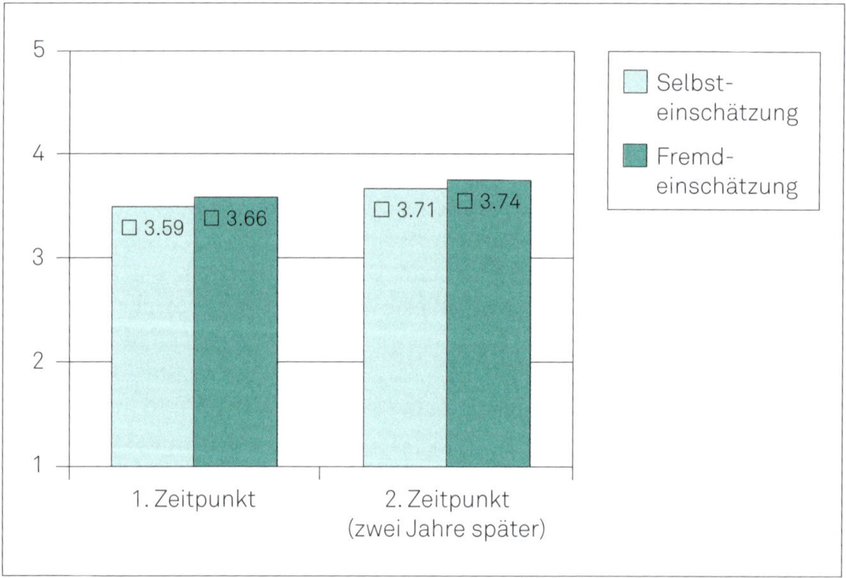

Abbildung 6: Selbst- und Fremdeinschätzungen von Führungskompetenzen über einen Zeitraum von zwei Jahren ($n=48$ Führungskräfte; Quelle: Hazucha et al., 1993, S. 340)

2) In einer über fünf Jahre (!) dauernden Studie überprüften Walker und Smither (1999, S. 399f.) u.a. drei Hypothesen: Erstens, ob sich die einbezogenen $n = 252$ Führungskräfte einer großen Bankorganisation über den untersuchten Zeitraum überhaupt verbessern (gemessen an den Ratings ihrer Mitarbeiter), zweitens, ob die schwächer bewerteten Personen mehr profitieren als die stärker bewerteten, und drittens, inwieweit die Diskussion der Feedbackergebnisse mit den Mitarbeiterinnen und Mitarbeitern im Rahmen von Workshops zu größeren Entwicklungen führt im Vergleich zu einem Umgang mit den Ergebnissen, der einen solchen Austausch nicht vorsieht.

Entwicklung verschiedener Leistungsgruppen über einen Zeitraum von fünf Jahren

Die Ergebnisse unterstützen die Wirksamkeitsvermutung von Feedbackprozessen (Walker & Smither, 1999, S. 405ff.). Zum einen zeigten sich die Führungskräfte im Mittel im Vergleich über die Jahre verbessert in den Ratings ihrer Mitarbeiter. Zweitens gewann die im ersten Jahr am schwächsten bewertete Gruppe am stärksten dazu; die Gruppe mit mittleren Ausgangswerten profitierte ebenfalls, während die am besten bewertete Gruppe im Niveau etwas abfiel. Dieser Effekt ließ sich allerdings von Walker und Smither auf eine Tendenz der Regression zur Mitte zurückführen, d.h. es handelte sich nicht um eine *echte* Verschlechterung, sondern um eine in Populationen häufig zu beobachtende statistische Tendenz, nach der Extremwerte sich über die Zeit in Richtung des mittleren Niveaus verändern. Schließlich konnte auch die dritte Vermutung bestätigt werden, denn die Gruppe derjenigen Führungskräfte, die sich mit ihren Mitarbeiterinnen und Mitarbeitern über ihr Feedback austauschte, entwickelte sich positiver als die ohne Austausch. Im Fazit bedeutet gerade das letzte Ergebnis, dass ein Kontakt mit den Feedbackgebern die Chance eröffnet, zusätzlichen Aufschluss über die zentral wichtigen Feedbackbotschaften zu gewinnen. Zugleich wird damit ggf. das Commitment der Führungskraft gestärkt, notwendige Veränderungen auch tatsächlich angehen zu wollen.

Mehrwert von Coaching für die Wirkung von Feedback

3) In einer weiteren Längsschnittuntersuchung überprüften Smither et al. (2003), inwieweit Coaching einen zusätzlichen, über das Feedback hinausgehenden positiven Effekt auf die Entwicklung von Führungskräften hat. Die untersuchte Stichprobe bestand aus $n = 1361$ Senior Managern eines international ausgerichteten Unternehmens, wobei die eine Gruppe zusätzlich zu ihren Feedbackergebnissen mit einem Coach arbeitete, während die andere nur ihre Feedbackergebnisse erörterte. Im Ergebnis haben die Autoren einen Mehrwert der Bedingung „Feedback plus Coaching" gegenüber der Bedingung „nur Feedback" gefunden; allerdings ist der Zugewinn der ersten Bedingung gegenüber der zweiten mit $d = .17$ zwar merklich, aber eher gering. Die Autoren merken zur Effektstärke an, dass allerdings auch kleine Veränderungen in der Praxis substanzielle Verbesserungen bedeuten können (S. 39).

Kritik an den Evaluationsstudien

Gegen Evaluationsstudien sind neben anderen vor allem zwei wichtige Kritikpunkte vorzubringen, die die Aussagekraft ihrer Ergebnisse begrenzen. Zum einen ist häufig ein *„Verlust"* an einbezogenen Befragungsteilnehmern über die Zeit zu beklagen: Als Beispiel startete die erste oben zitierte Untersuchung (Hazucha et al., 1993) zum 1. Messzeitpunkt mit $n=198$ Führungskräften, von denen zum 2. Messzeitpunkt lediglich noch $n=48$ (24 %) erneut befragt werden konnten. In welcher Weise die unterwegs „verloren gegangenen" Personen ihre Kompetenzen entwickeln konnten (oder eben nicht), lässt sich nicht mehr rekonstruieren. Da der „Drop-out" in der Studie relativ hoch ist, ist ihre Aussagefähigkeit eingeschränkt.

Im Übrigen zeigen sich oft gerade die *leistungsehrgeizigen* und kompetenzstarken Personen zu einer zweiten Untersuchung bereit; unter den anderen sind häufiger solche zu finden, die eine wiederholte „Begegnung" mit Feedback durch andere scheuen und nicht mehr befragt werden wollen. Insofern könnte ein „Drop-out" der letzteren, eher moderat oder schwächer kompetenzstarken Personen indirekt dazu beitragen, den Mittelwert der 2. Messstichprobe künstlich anzuheben (verblieben sind die leistungsstärkeren, während die anderen herausgefallen sind).

Weiterhin fehlt solchen Studien in der Regel eine *Kontrollgruppe*, deren Entwicklung gleichermaßen über die Zeit beobachtet werden kann. Nur mit einer gegenüberzustellenden Kontrollgruppe ließe sich klären, ob die Kompetenzentwicklung der ersten Gruppe wirklich das Resultat einer Feedbackintervention ist oder ob sich diese über einen bestimmten Zeitraum quasi auf „natürlichem Wege" – ohne aufwendige Feedbackprozesse – einstellt.

- Rolle des Vorgesetzten/der Organisation auf die Anstrengung und Kompetenzentwicklung

Gleichwohl dürften die Ergebnisse der Untersuchung von Hazucha et al. (1993) von Interesse für zwei weitere Fragen im Zusammenhang mit Feedbackprozessen sein. Diese betreffen die Rollen der Vorgesetzten und die der Organisation im Zusammenhang mit dem Feedbackprozess.

Vorgesetzte haben großen Einfluss auf die Entwicklungsanstrengungen ihrer Führungskräfte

1) Welchen Einfluss haben der Vorgesetzte und die Organisation auf die *Anstrengungen*, die eine Fokusperson hinsichtlich der eigenen Kompetenzentwicklung unternimmt? Die diesbezüglichen Ergebnisse zeigen, dass der *Vorgesetzteneinfluss* vergleichsweise groß ist. Führungskräfte berichten von umso größeren eigenen Entwicklungsanstrengungen, je stärker sie dabei von ihren Vorgesetzten unterstützt werden ($r=.44$). Dieser – besonders für die Führungspraxis – bedeutsame Befund stützt sich auf folgende Verhaltenselemente[1] seitens des Vorgesetzten (Hazucha et al., 1993, S. 343): Der Vorgesetzte ...

1 Die genannten Elemente ähneln im Übrigen den Bedingungen erfolgreicher Therapieprozesse: Problemaktualisierung durch den Therapeuten und die damit verbundene Aufforderung an den Klienten zu aktivem Handeln, Angebote zur Klärung psychischer Prozesse und, falls erforderlich, auch aktive Hilfe (Grawe, Donati & Bernauer, 1994).

- gibt (regelmäßig) Feedback auf die Leistung,
- unterstützt seine Führungskraft dabei, einen individuellen Entwicklungsplan aufzustellen und
- coacht diese in verschiedenen Feldern.

Andererseits beklagen Führungskräfte in der Feedbackpraxis gerade dies – dass sie mit ihren Entwicklungsanstrengungen vom Vorgesetzten häufig alleingelassen werden (Antonioni, 1996).

Auch die wahrgenommene *Unterstützung* durch die *Organisation* steht im Zusammenhang mit den Entwicklungsbemühungen, wenn auch in geringerem Maße (r=.28). Neben anderen Unterstützungsmerkmalen war es besonders ein in der strategischen Personalentwicklung breit verankertes und aktives „Career Development"-Programm, das die Führungskräfte positiv bewerteten.

2) Welchen Einfluss haben der Vorgesetzte und die Organisation bei der *Kompetenzentwicklung*? Für die beurteilten Führungskräfte ließ sich über die Selbsteinschätzung ein signifikanter Zusammenhang zwischen dem Ausmaß ihrer wahrgenommenen Veränderung und der erlebten Unterstützung durch ihren Vorgesetzten nachweisen (r=.53). Die erlebte Unterstützung durch die Organisation wies einen positiven Zusammenhang sowohl mit der Selbsteinschätzung der Veränderung (r=.36) als auch mit der Fremdeinschätzung der Veränderung auf (r=.26). Als besonders wichtige Unterstützungsleistung für ihre Entwicklung sahen die beteiligten Führungskräfte das kontinuierliche Angebot von Trainingsseminaren an, die thematisch nah an der eigenen, beruflichen Tätigkeit liegen.

Es besteht ein Zusammenhang zwischen wahrgenommener Veränderung und erlebter Unterstützung

Festzuhalten ist, dass sowohl für die Entwicklungsbemühungen als auch für die erzielten Verbesserungen selbst die Vorgesetzten und die Organisation wichtige Unterstützungsleistungen beisteuern können. Damit wird deutlich, dass es zu einem Kompetenzzuwachs nicht nur einer *Wollensleistung* seitens der Feedbackgeber bedarf, sondern auch eines aktiven *Engagements* der *Tätigkeitsumgebung*.

Feedbackurteile werden von der Erwartung und der Wahrnehmung der Beurteilerinnen und Beurteiler bestimmt

Als einigermaßen alarmierend (und die Kritiker von 360°-Feedbacks bestärkend) sind schließlich Ergebnisse zu betrachten, die zum Einfluss der Feedbackgeber auf die Kompetenzeinschätzung publiziert worden sind. So haben Mount und Scullen (2001, S. 166ff.) das Feedbackurteil bei je *zwei Beurteilern* pro Perspektivgruppe in verschiedene (Varianz-)Quellen zerlegt: Den größten Einfluss auf das Urteil üben mit durchschnittlich 62% Effekte aufseiten der Rater (Beurteiler) aus, die ihren Eindruck nach verschiedenen *Erwartungshaltungen* und teils vereinfachenden, teils verzerrenden *Wahrnehmungsmechanismen* bilden – unabhängig davon, welches Verhalten und welche Leistung die Fokuspersonen tatsächlich zeigen. Demgegenüber berücksichtigt das Feedbackurteil das gezeigte *Verhalten* der Fokuspersonen lediglich zu einem

Anteil von 25% – obwohl genau auch dies Gegenstand des Feedbacks sein sollte (die zu 100% fehlenden 13% entfallen auf Messfehler). Mit anderen Worten: Das Feedback liefert bei lediglich zwei Beurteilern je Perspektivgruppe stärker Hinweise auf die Eindrucksbildung der Beurteiler als auf das Verhalten der Fokusperson selbst.

Diesem Effekt lässt sich u. a. vorbeugen, indem das Feedbackergebnis als zusammengefasstes Durchschnittsurteil auf der Basis von *mehr als zwei* Feedbackgebern über *alle* verfügbaren Perspektivgruppen errechnet wird. So erhöht sich beispielsweise der Varianzanteil für das gezeigte Verhalten der Fokusperson unter der Konstellation eines Feedbacks von einem Vorgesetzten, drei Kollegen und drei Mitarbeitern (d. h. bei sieben Beurteilern) auf 68% (Mount & Scullen, 2001, S. 172). Das Ergebnis bedeutet einen deutlichen Validitätszuwachs, d. h. die Urteile beziehen sich verstärkt auf das, was sie gewolltermaßen erfassen sollen.

3 Analyse und Maßnahmenempfehlung

3.1 Voraussetzungen der Installation von 360°-Feedbacks

Ohne Anspruch auf Vollständigkeit werden im Folgenden wichtige Randbedingungen der Einführung von 360°-Feedbacks behandelt. Diese thematisieren weniger die zur Verfügung stehenden harten ökonomischen Ressourcen als die psychologischen Bedingungen der persönlichen Wertschätzung und der Entscheidung für eine bestimmte Funktion des 360°-Feedbacks.

3.1.1 Kultur der persönlichen Wertschätzung

Feedbackprozesse bedürfen einer Kultur der Wertschätzung

Die konzeptionelle Idee (oder: die Philosophie) des 360°-Feedbacks wird von der Vorstellung getragen, dass das In-Erfahrung-Bringen von Kompetenzeindrücken für die beteiligten Personen einer Arbeitsumgebung entwicklungsstiftend ist. In Anbetracht der mitunter auch kritischen Ergebnisse z.B. hinsichtlich der Frage des Führungsstils und der damit verbundenen Folgeaktivitäten bedarf sie einer Kultur gegenseitiger Wertschätzung. Diese äußert sich darin, dass Verhaltensunterschiede im Sinne individueller Persönlichkeitsstile eher als Bereicherung denn als Bedrohung der Unternehmensidentität betrachtet werden. Der Umgang mit Diversität betrifft nicht nur Eigenschaften wie das Geschlecht, Zugehörigkeit zu einer Religionsgemeinschaft oder die sexuelle Orientierung, sondern gerade auch den Grad an Offenheit für unterschiedliche Verhaltensstile. Ein weite Bereiche des Unternehmens prägender „autoritärer Führungsstil“, der Motivation beständig über Angst und Drohung herzustellen versucht, ist damit unvereinbar. Gleiches gilt für eine durchgängig konfliktbelastete Atmosphäre, die durch wechselseitige Kränkungen und ungelöste zwischenmenschliche Probleme gekennzeichnet ist („Interaktion des liebgewonnenen, täglichen Kleinkriegs“).

Als brauchbare diagnostische *Indikatoren* einer Kultur der Wertschätzung können u.a. gelten (vgl. das Konstrukt des „Organisationsklimas“ u.a. bei Müller, 1999):

- Führungskräfte und Mitarbeiterinnen und Mitarbeiter äußern sich dahingehend, dass sie sowohl von der Geschäftsleitung als auch von wichtigen Personen in ihrem Bereich überwiegend fair behandelt werden;
- Die Mitarbeiterinnen und Mitarbeiter geben überwiegend an, dass sie ihren direkten Vorgesetzten vertrauen;

- Führungskräfte verbleiben in ihren Funktionen, selbst wenn sie (vorübergehende) persönliche Krisen durchleben;
- eine relativ geringe „führungsstilverursachte" Personalfluktuation im betreffenden Bereich.

Als geradezu klassisch kann in diesem Zusammenhang ein Argument genannt werden, das *gegen* die Installation eines Feedbackprogramms häufig gerade vom Top-Management sinngemäß wie folgt artikuliert wird:

„Wir streben einen *offenen* Führungs- und Kommunikationsstil an, dazu sind Einschätzungen der Kompetenzen oder des Führungsstils in *anonymisierter* Form wenig zweckdienlich".

Hier lässt sich aus der Erfahrung entgegnen, dass gerade professionell gemanagte Feedbackprozesse in der Lage sind, dieses Vorhaben in Richtung mehr Offenheit zu unterstützen. Zunächst mag es zwar für manchen Beteiligten so wirken, als würden anonymisierte Einschätzungen eher Zeichen des Misstrauens darstellen (auch Vokabeln wie „Denunziation" oder „Absäge-Botschaften" fallen in diesem Zusammenhang gelegentlich). Zu bedenken gilt jedoch, dass selbst in einer sonst vertrauensvollen Umgebung Feedback nicht immer direkt gegeben wird. Dies geschieht mitunter, wenn Teams oder Abteilungen unter großem Zeitdruck arbeiten und anschließend problematische Konstellationen oder Verhaltensweisen nicht mehr aufgegriffen werden können oder sich schlecht rekonstruieren lassen. Zudem dürfte es für Fokuspersonen primär zweckdienlich sein, sich mit den unterschiedlichen Perspektiven und deren Einschätzungen zu beschäftigen und erst in zweiter Linie mit den Personen, die diese vertreten.

3.1.2 Verbindlichkeit und Wertschätzung von Entwicklungsbemühungen durch Einbettung in Development-Strategien

Feedbackprozesse bedürfen einer Wertschätzung von Entwicklungsbemühungen

Ein häufig unterschätztes Organisationsmerkmal ist das der Wertschätzung persönlicher Entwicklung. Wie Untersuchungen zeigen (z. B. Hazucha et al., 1993; siehe Abschnitt 2.5.6), ist die Veränderungswirkung von Feedbacksystemen in hohem Maße davon abhängig, wie sehr die Organisation die Entwicklungsbemühungen von Führungskräften tatsächlich unterstützt. Die Unterstützung kann u. a. in der Form von herausfordernden Aufgaben, durch Auslandsentsendungen etc. wie durch aufeinander abgestimmte Management-Development-Module erfolgen.

Entsprechend der Betonung der Eigenverantwortlichkeit der Teilnehmer an Feedbackprozessen („der Teilnehmer als der Eigentümer seines Feedbacks“) ist auch im Bereich der Trainingsprogramme in letzter Zeit ein deutlicher Trend zu verstärkter Eigenverantwortlichkeit im Rahmen sogenannter „integrierter Trainings“ festzustellen. Auch diese zielen durch offene Problemstellungen und entsprechend installierte Lernarrangements darauf, die für den Geschäftserfolg notwendigen Kompetenzen zu entwickeln. Mag es auch erfahrenen HR-Managern trivial erscheinen, dass Feedbacksysteme in entsprechende Development-Strategien und Umgebungen eingebettet sein sollten, so zeigt sich bisweilen doch bei näherem Hinsehen, dass nicht jedes High-Potential-Programm auch tatsächlich dieses Label verdient.

Unternehmenskultur und Transparenz

Als Indikatoren einer die Entwicklung von Führungskräften wertschätzenden Unternehmenskultur dürften daher vor allem das Vorhandensein von konkreten Unterstützungsleistungen und die Transparenz der damit verbundenen Prozesse gelten. Das Transparenzkriterium wiederum lässt sich in drei Merkmalen aufschlüsseln:

- Transparenz der erwarteten Leistungsstandards
- Transparenz der individuellen Entwicklungschancen
- Transparenz der die Entwicklung unterstützenden Systeme (Trainings, Coachings, Mentorenprogramme etc.)

3.1.3 Entscheidung bezüglich der Funktion des Feedbacks

Zu den Voraussetzungen einer erfolgreichen Installation von Feedbackprogrammen gehört die Klärung der Frage, wozu das Feedback dienen soll. Diese Klärung ist deshalb so wichtig, weil sie den teilnehmenden Fokuspersonen wie den Feedbackgebern eine Orientierung dahingehend vermittelt, was sie erwartet, d.h. welche kurz- und mittelfristigen Ziele das Unternehmen damit verfolgt. Diese Orientierung wiederum erleichtert erfahrungsgemäß sowohl die Durchführung des Feedbacks als auch die anschließende Unterstützung der beteiligten Führungskräfte durch Coachings oder die gezielte Auswahl von Trainingsmaßnahmen.

Zwei Funktionen von Feedbackprozessen

Grundsätzlich sind zwei unterschiedliche Richtungen des Feedbackeinsatzes denkbar: ein Einsatz in der Funktion der *Führungskräfteentwicklung* oder in der Funktion der *Personal-* und *Leistungsbeurteilung*. Einige Überlegungen für beide Richtungen sind in Tabelle 4 zusammengestellt.

Tabelle 4: Überlegungen für den Einsatz eines 360°-Feedbacks zur Entwicklung von Führungskräften oder zur Leistungsbeurteilung

	Entwicklung	Leistungsbeurteilung
Funktion aus Sicht des Unternehmens	treibt die Kompetenzentwicklung von Führungskräften voran	unterstützt Performance-Management-Systeme und das unternehmensinterne Controlling
Anreiz für die Fokusperson	hoher *innerer* Anreiz, da keine unmittelbar negativen Sanktionen drohen und somit eine tendenziell entwicklungsoffene Haltung besteht	hoher *äußerer* Anreiz, sich persönlich weiterzuentwickeln, da die Aussicht auf entscheidungsrelevante Aktionen (Entgeltfindung, Beförderung etc.) seitens der Unternehmensleitung besteht
Feedbackgeber	stehen in der Gefahr, sich für ihre Ratings nicht verantwortlich zu fühlen und teils zu milde, teils zu strenge Urteile zu vergeben (drohende Validitätseinbußen)[2]	stehen in der Gefahr, zu milde Ratings abzugeben, da sie um die Bedeutung des Feedbacks für den Adressaten wissen (drohende Validitätseinbußen)
mögliche Folgeszenarien hinsichtlich der Kompetenz- und Leistungsentwicklung	• *positiv*: selbstverantwortete, nachhaltige Kompetenzentwicklung auch über einen längeren Zeitraum hinweg[3] • *negativ*: bei schwachem Antrieb zur Selbstentwicklung und fehlender Unterstützung durch das organisationale Umfeld sowie die beteiligten Rater Stagnation der Kompetenzen	• *positiv*: aufgrund der externen Anreizsituation erfolgreiche Kompetenzentwicklung *und* messbare Leistungsverbesserung • *negativ*: Ablehnung des Feedbacks und stagnierende oder gar abfallende Leistung

2 In der Tat scheint auch in einem vorrangig als Entwicklungssetting angelegten Zusammenhang die Tendenz zur Milde gerade bei der Gruppe der Mitarbeiter gegeben zu sein. In einer eigenen Untersuchung mit $n=51$ Außendienstmitarbeitern eines Versicherungsunternehmens zur Diagnose des individuellen Entwicklungsbedarfs unterschieden sich die Selbsteinschätzungen der Außendienstmitarbeiter nicht signifikant von den Einschätzungen, die sie von ihren Mitarbeitern erhielten (Scherm, 2004). Verglichen mit den Einschätzungen der Vorgesetzten fielen die Mitarbeiterurteile jedoch deutlich milder aus. So zeigt sich beispielsweise auf der *!Response*-Skala „Umgang mit Misserfolg" ein mittlerer Unterschiedseffekt von $d=.51$ ($M=3.7$ für Vorgesetztenurteile versus $M=4.0$ für Mitarbeiterurteile).

3 Walker und Smither (1999) konnten zeigen, dass Kompetenzverbesserungen als Folge von Multi-Rater-Feedbacks kein „Strohfeuer" darstellen, sondern über längere Zeiträume hinweg (hier: 5 Jahre) stabil bleiben.

3.2 Der Feedbackprozess

Auf der Basis eines Best-Practice-Vorgehens lässt sich ein Feedbackprozess in vier *Phasen* untergliedern. Diese Phasen sind im Wesentlichen durch das Abklären strategischer Feedbackziele, durch das Erheben der Selbst- und Fremdeinschätzungen, das Rückmelden der Feedbackergebnisse sowie die Begleitung der Fokuspersonen durch adäquate Weiterentwicklungsmaßnahmen bestimmt.

3.2.1 Phase 1: Strategische Ziele und Randbedingungen

Diese erste Phase eines 360°-Feedbacks gilt der Zielklärung, der Prüfung der Randbedingungen sowie der Auswahl des Instruments. Die beiliegende Karte „Ziel- und Kontraindikationen des 360°-Feedbacks" fasst Ziele, die mit einem 360°-Feedback verfolgt werden können, ebenso wie mögliche Kontraindikationen zusammen.

- Ziele klären

Ziele des Feedbacks klären

Wie oben (siehe Abschnitt 3.1.3) bereits ausgeführt, ist es für den Erfolg von Feedbackprozessen essenziell wichtig zu klären, welche Ziele verfolgt werden sollen. Als einander prinzipiell gegensätzliche Ziele werden sowohl von Feedbacknehmern als auch -gebern auf der einen Seite die Kompetenzentwicklung, auf der anderen Seite die Leistungsbeurteilung empfunden und hervorgehoben. Da die Einführung des Feedbacks zur Leistungsbeurteilung einschließlich einer möglichen Kopplung an Fragen der Entgeltfindung bei den Beteiligten durchaus mit Befürchtungen verbunden sein kann, ist hier mit einem erheblichen Klärungs- und Abstimmungsbedarf seitens der Prozessverantwortlichen zu rechnen. Es mag nach einem Allgemeinplatz klingen, darauf hinzuweisen, die tatsächlichen Ziele offen und glaubhaft zu kommunizieren. Gleichwohl zeigt die Praxis missglückter Feedbackprozesse, dass gerade das Verfolgen anderer als der vereinbarten Ziele maßgeblich zum Scheitern von Feedbacks beiträgt.

- Prüfen der Randbedingungen

Randbedingungen des Feedbacks klären

Die Einführung des Feedbacks wird durch verschiedene Umstände und Einflussfaktoren beeinflusst. Zu klären sind in diesem Zusammenhang u. a. folgende Fragen:

- Wer nimmt als *Feedbacknehmer* teil? Handelt es sich bei den anvisierten Fokuspersonen tatsächlich um Führungskräfte mit entsprechender Führungsverantwortung?

- Wer kommt als *Feedbackgeber* infrage? Handelt es sich um ein Multisource-Feedback, bei dem tatsächlich Einschätzungen von Personen aus unterschiedlichen Quellen eingeholt werden, oder sollen im Sinne eines Upward-Feedbacks lediglich die Mitarbeiter der betreffenden Führungskräfte um Feedback gebeten werden? Und: Sind die Mitarbeiter bereit, eine Einschätzung abzugeben? In diesem Zusammenhang gilt es, bereits in die ersten Planungen den Betriebsrat oder entsprechende Einflussgruppen einzubeziehen.
- Wie steht es um die *Anonymität* der Feedbackgeber? Die Einhaltung von Anonymität und Vertraulichkeit der abgegebenen Einschätzungen stellt eine entscheidende Bedingung für den Erfolg eines 360°-Feedback-Projektes dar. Dieses Anliegen wird regelmäßig gerade auch von der Seite des Betriebsrates mit Nachdruck vorgebracht. Kommen hier Zweifel auf, ist ein 360°-Feedback-Projekt schon in der Frühphase gefährdet.

Vertraulichkeitsbedürfnisse von Feedbacknehmern und -gebern

Die Anonymität des Feedbacks betrifft zwei Vertraulichkeitsbedürfnisse:
- Der *Feedbacknehmer* muss sicher sein, dass die ihn betreffenden Feedbackergebnisse nur ihm selbst bekannt gegeben werden;
- die *Feedbackgeber* müssen sicher sein, dass die von ihnen abgegebenen Einschätzungen weder vom Feedbacknehmer noch von anderen Feedbackgebern ihrer Person zugeordnet werden können.

Um die Anonymität der Feedbackgeber untereinander zu gewährleisten, ist es erforderlich, aus jeder Feedbackgeber-Gruppe mindestens drei Feedbacks einzuholen (bei lediglich zwei Feedbacks können die beiden Feedbackgeber aus den gemittelten Ergebnissen für jede Kompetenzdimension und der Kenntnis ihres eigenen Votums die jeweils andere Feedbackeinschätzung rekonstruieren; damit wäre das Anonymitätsgebot unterlaufen).

Die Validität der Fremdurteile droht unter zwei Bedingungen aufgehobener Anonymität abzufallen:
- Zum einen, wenn das Feedback in einem moderierten Gruppengespräch zwischen Fokusperson und Feedbackgebern (face-to-face) gegeben werden soll; dies kann eine sinnvolle Option sein, um z. B. die Mitarbeiterinnen und Mitarbeiter in den Entwicklungsprozess einer Führungskraft einzubeziehen, indem sie von ihrer Wahrnehmung des Führungsverhaltens berichten;
- zum anderen, wenn die Feedbackgeber um eine eigene, freisprachliche Beschreibung des Verhaltens der Fokusperson gebeten werden.

Unter beiden Bedingungen (auch der zweiten) können Einschätzungen und Urteile den Feedbackgebern mehr oder weniger persönlich zugeschrieben werden. Da sie in der Regel negative Sanktionen seitens der Fokusperson fürchten, werden Feedbackgeber dann tendenziell zu milde Urteile abgeben und kritische Voten vermeiden.

- Auswahl des Feedbackinstruments

Für den Erfolg eines 360°-Feedbacks ist es sehr hilfreich, wenn die verschiedenen Perspektiven-Gruppen in den Auswahlprozess eines geeigneten Instruments einbezogen werden. Soll das Instrument aus einem bewährten Basismodul eines 360°-Feedback-Anbieters (oder einer eigenen Feedbackversion) und zusätzlich aus speziell auf die Situation der Unternehmenseinheit zugeschnittenen Fragen „maßgeschneidert" („customized") werden, so bieten sich Workshops mit Vertretern z. B. der Gruppen der Selbstbeurteiler, der Vorgesetzten, der Mitarbeiter etc. an. Denn die unterschiedlichen Feedbackgeber-Gruppen tragen an die Fokuspersonen unterschiedliche Aufgabenstellungen und Kompetenzerwartungen heran und wollen diese im Instrument berücksichtigt wissen.

Feedbacknehmer und -geber bei der Entscheidung für ein Feedbackinstrument einbeziehen

3.2.2 Phase 2: Informieren und Feedbackdaten erheben

Die zweite Phase des Feedbackprozesses umfasst die Information der Prozessbeteiligten sowie das Einholen der Feedbackurteile (Datenerhebung).

- Informieren der Prozessbeteiligten

Es empfiehlt sich zu Beginn der eigentlichen Feedbackphase, die Beteiligten (auch die Feedbackgeber) umfassend über Ziele, Vorgehensweise und mögliche Folgemaßnahmen zu informieren (z. B. in einem „Kick-Off"-Workshop). Nach einer Studie begünstigt eine ausführliche Information der Prozessbeteiligten den Erfolg der Feedbackintervention insgesamt (Runde, Kirschbaum & Wübbelmann, 2001, S. 152). Unsere eigenen Erfahrungen lassen sich in folgender *Regel* zusammenfassen: Je mehr Transparenz und Klarheit über Ziele und Vorgehensweise in der Startphase des 360°-Feedbacks hergestellt werden, desto höher ist das Prozess-Commitment der Feedbackgeber und -nehmer (und umso geringer sind die Prozessverluste in der Datenerhebungsphase z. B. in Form mangelhaften Feedbackdaten-Rücklaufs oder verzerrter Urteile).

Umfassende Information aller Feedbackbeteiligten erhöht die Erfolgsaussichten

Insbesondere die Fokuspersonen machen in der Regel folgenden Informationsbedarf geltend:

- Wer sind meine Feedbackgeber? Wer wählt diese aus? Habe ich dabei ein Mitspracherecht?
- Wer wertet die anfallenden Feedbackdaten aus – eine verantwortliche Stelle im eigenen Haus oder ein externes Institut?
- Wer erhält Kenntnis von meinen Feedbackergebnissen: Nur ich selbst oder auch meine Feedbackgeber? Welche Auswertungen gehen an die Geschäfts-

leitung – zusammenfassende Ergebnisse auf Basis von Mittelwerten für Gruppen, Abteilungen etc. oder auch individuumsbezogene Auswertungen?
- Wie werden meine bisher nicht erkannten Talente und Kompetenzen gefördert (z.B. durch veränderte Aufgabenstellungen)? Welche Möglichkeiten stehen mir offen, einen diagnostizierten Entwicklungsbedarf anzugehen (Frage nach eventuellen Coachings, Sonderaufgaben, Schulungs- oder Trainingsmaßnahmen)?
- Wo verbleiben schließlich die angefallenen, sensiblen Daten und die Feedbackergebnisse (Datenschutzproblem der „Endlagerung" von personenbezogenen Informationen)?

- Feedbackdaten erheben

In den meisten Fällen werden die Feedbackdaten über internet- oder intranetgestützte IT-Lösungen erhoben und über statistische Programmroutinen automatisiert verarbeitet. In selteneren Fällen werden Erhebungen über gedruckte Fragebögen durchgeführt, die dann über Scanner eingelesen und ebenfalls weitgehend automatisiert ausgewertet werden. Solche Lösungen, bei denen die IT nicht an das Internet angebunden ist („Insellösung") bieten sich immer dann an, wenn die anfallenden Daten als besonders sensibel eingestuft werden und in besonderer Weise vor dem Zugriff von außen gesichert werden sollen. Die administrativ-logistische Seite von Feedbackerhebungen ist als durchaus aufwendig zu betrachten.

Erfahrungsregeln für die 360°-Feedback-Datenerhebung

Die Datenerhebung des Feedbacks profitiert davon, folgende Erfahrungsregeln zu beherzigen:

a) Als durchführende Stelle für den Feedbackprozess eignet sich eine Abteilung oder Gruppe, die einer unmittelbaren Einflussnahme auf die Ergebnisse und die Folgen des Feedbacks unverdächtig ist. Um in diesem Zusammenhang jegliche Zweifel aufseiten der Feedbacknehmer und -geber aufzulösen, vergeben viele Unternehmen und Organisationen den logistischen Part der Feedbackdatenerhebung inklusive der Ergebnisermittlung und Berichtlegung an externe Kooperationspartner (Beratungsfirmen).

Auswahl der Feedbackgeber

Die Auswahl der Feedbackgeber kann durch die Berücksichtigung folgender Kriterien optimiert werden:
- Die Feedbackgeber sollten die Fokusperson lange genug kennen, um ein hinreichend verlässliches Eindrucksurteil von ihr aufgebaut zu haben (Faustregel: mindestens ein halbes Jahr);
- sie sollten hinreichend vielfältige Gelegenheit haben, diese in ihrer beruflichen Tätigkeit beobachten zu können;

- es sollten Personen unter ihnen sein, deren Urteil für die Fokusperson im Rahmen ihrer Tätigkeit bedeutsam ist;
- ferner solche, von denen positive Urteile zu erwarten sind,
- aber auch durchaus Personen, die vermutlich zu einem eher kritischen Urteil gelangen.

Die einzelnen Feedbackgeber sollten der Stelle, an der die Feedbacks zusammenlaufen, namentlich bekannt sein, um z. B. bei Problemen der Datenauswertung (durch ausgelassene Fragen, nicht eindeutige Antwortmarkierungen etc.) klärende Nachfragen stellen zu können. Insoweit ist der Feedbackprozess nur teilweise anonym.

Rücklauf der Feedbackdaten

b) Die Zeitspanne für den *Rücklauf* der Feedbackinventare sollte eher knapp bemessen sein. Richtwert: 14 Tage nach Zugang. Nach eigenen Erfahrungen aus Feedbackprozessen ist ein mangelhafter Rücklauf innerhalb dieses Zeitraumes von 30 bis 40 % ein relativ harter Indikator für ein misstrauensbestimmtes Organisationsklima oder auch für ungeklärte Probleme im Zusammenhang mit dem Feedback selbst (z. B. bei der Frage nach den möglichen Folgen oder der Anonymität der Urteile). Säumige Feedbackteilnehmer sollten telefonisch oder notfalls auch schriftlich erneut kontaktiert werden.

c) In diesem Zusammenhang bieten *Online-Befragungen* per Internet komfortable Möglichkeiten der administrativen Vereinfachung. Ihr Einsatz sollte unbedingt eine Verschlüsselung der erhobenen Daten vorsehen und damit den Rückschluss auf den Feedbackgeber sowie einen Zugriff durch unbefugte Dritte verhindern. Eine Reihe von Anbietern arbeitet hier mit technischen Sicherheitslösungen wie sie beispielsweise im Bereich des Online-Bankings eingesetzt werden. Im Rahmen von online-gestützten Feedbacks lassen sich Teilnehmer per E-Mail ansprechen und die Ergebnisse über das Netz verschicken.

Vorteile der Internet-Nutzung für das 360°-Feedback

1. Verringerung der *administrativen* Belastung (z. B. durch den Wegfall aufwendiger postalischer Versende-Aktionen und die komfortable Überprüfung des Rücklaufs der Feedbackinventare)
2. Erleichterung der *international* grenzüberschreitenden Implementierung von Feedbacksystemen
3. Infolgedessen Intensivierung des unternehmensweiten Dialogs über die *Organisationskultur* und ihre Veränderung sowie
4. Harmonisierung von Bewertungs- und Entwicklungspraktiken und schließlich
5. Verbesserung der *Qualität* der Beurteilungen (Bartram, Geake & Gray, 2005)

3.2.3 Phase 3: Auswerten und Rückmelden

Diese Phase sieht die Ermittlung der Ergebnisse und die Rückmeldung an die Beteiligten vor.

- Auswertung und schriftliche Rückmeldung

Elemente des Ergebnisberichts:

Die Auswertung und schriftliche Rückmeldung der Daten in Form eines Ergebnisberichts sollte in leicht verständlicher und übersichtlicher Form gehalten sein. Sie sollte u.a. folgende Elemente umfassen (vgl. hierzu auch Abschnitt 4.1, 6. Schritt):

Profilübersicht

a) *Eine Profilübersicht:* Diese weist in Form einer Grafik die für jede Beurteiler-Gruppe gemittelten Kompetenzeinschätzungen aus. Um besonders dem Feedbacknehmer einen schnellen Einblick in die wichtigsten Ergebnisse zu ermöglichen, sollte sich ein Linienprofil auf zwei bzw. maximal drei Beurteilungsgruppen beschränken (in der guten Absicht, alle Gruppen in einer Grafik zu berücksichtigen, überfordern manche Darstellungen den Empfänger).

Anforderungsprofile

b) *Anforderungs- bzw. Sollprofile:* Um dem Feedbacknehmer eine zusätzliche Orientierungshilfe hinsichtlich seiner Ergebnisse zu geben, sollte die Ergebnisdarstellung auch ein Anforderungsprofil ausweisen. Der Vergleich der gruppenbezogenen Einschätzungen mit dem Anforderungsprofil liefert wertvolle Hinweise für notwendige Veränderungsperspektiven. Das Anforderungsprofil stützt sich ebenfalls auf die Einschätzungen der unmittelbar Feedbackbeteiligten (inkl. den Feedbacknehmer) und ist valider als bereits vorliegende Anforderungsprofile (z.B. aus Assessment Centern), weil die letztgenannten in der Regel für Funktionsgruppen und nicht für individuelle Tätigkeitsanforderungen erstellt werden.

Perspektivenabgleich

c) *Vergleich Selbstbild – Fremdbild:* Die Möglichkeit des Perspektivenabgleichs stellt die wichtigste Option dar, die persönliche Entwicklung des Feedbacknehmers voranzutreiben. Dem Vergleich von Selbst- und Fremdbild sollte daher große Aufmerksamkeit bei der Ergebnisermittlung und -darstellung gelten. Grafisch unterstützt, werden hier die Kompetenzbereiche sowohl der größten als auch der geringsten Übereinstimmung ausgewiesen. Gerade an dieser Stelle ist aus methodischen Gründen darauf hinzuweisen, dass der Vergleich auf der Basis der *Kompetenzbereiche* erfolgen sollte – und nicht (wie vielfach praktiziert) auf der Basis einzelner *Items*. Zwar mag die Darstellung aller Items eines Bereiches (z.B. „Umgang mit Misserfolg“) bisweilen instruktiv sein, die Validität (Gültigkeit; siehe Abschnitt 4.1) des Feedbacks ergibt sich jedoch nur auf der übergeordneten Kompetenzebene. Schließlich soll genau hier die Entwicklung angestoßen werden, demgegenüber nicht auf der Ebene der einzelnen Facetten oder gar Items, die diese Kompetenzen indizieren (und bei denen die Feedbackgeber womöglich in ihrem Urteil stärker voneinander abweichen als bei der Gesamtbeurteilung der Kompetenz).

d) *Höchste vs. niedrigste Kompetenzurteile*: Hier werden die Bereiche dargestellt, bei denen die Fokusperson die höchsten bzw. die niedrigsten Einschätzungen durch die Feedbackgeber erhält.

Höchste vs. niedrigste Kompetenzurteile

• Rückmeldung an die Fokusperson

Feedbackergebnisse ausführlich erläutern

Die Erfolgsaussichten eines Feedbackprojekts steigen tendenziell, wenn die Feedbackresultate nicht nur schriftlich zurückgemeldet, sondern auch durch einen Feedback-Coach ausführlich erläutert und Nachfolgeaktivitäten geplant werden (Runde et al., 2001, S. 154f.). Für das Feedbackgespräch zwischen Fokusperson und einem Feedback-Coach ist nach unseren Erfahrungen ein Zeitansatz von ca. zwei Stunden vorzusehen. Es stellt an die oder den Feedback-Coach hohe Ansprüche an ihre bzw. seine psychologische Expertise (themenzentrierte Gesprächsführung, konstruktiver Umgang mit Abwehrhaltungen usw.).

Neben der Rückmeldung allein an den Feedbacknehmer bietet sich auch ein Feedback zusammen mit den jeweiligen Feedbackgeber-Gruppen an (Zeitansatz ca. drei Stunden). Diese eher offensive Form der Ergebniskommunikation birgt verschiedene Risiken und eignet sich nur für Gruppen mit einem intakten Klima. Sie wird allenfalls von solchen Führungskräften befürwortet, die durch besonderen Leistungsehrgeiz auffallen und wissen, dass sie positive Urteile von ihren Feedbackgebern erhalten haben (Antonioni, 1996, S. 26).

Aussprache in der Gruppe über Feedbackergebnisse birgt Risiken

Anlass zu Problemen gibt es in der Praxis häufig durch den Umstand, dass bei einer gruppenbasierten Aussprache die Anonymität der Feedbackgeber tendenziell aufgehoben wird. Diese sind gehalten, die Ergebnisse aus ihrer Sicht zu kommentieren und legen dabei ihre Eindrucksurteile offen. Unter der Bedingung eines kritischen Feedbackergebnisses mit ausgeprägten Wahrnehmungsdifferenzen entfalten Gruppenaussprachen ferner nicht selten eine Dynamik der Verfestigung: Die Akteure neigen dazu, ihren eigenen Standpunkt zu verteidigen und Ich-stützende Abwehrhaltungen einzunehmen.

Ein Feedbackgespräch allein zwischen Fokusperson und einem Feedback-Coach kann die in Tabelle 5 dargestellten Leitthemen behandeln (siehe auch die „Leitfragen für das Feedbackgespräch" auf der beiliegenden Karte).

Tabelle 5: Themen und Leitfragen und ihre Funktion für die Gestaltung des Feedbackgesprächs

Zeitpunkt im Feedbackgespräch	Thema/Leitfrage	Funktion
vor der Erörterung der Feedbackergebnisse	• Funktion und Aufgaben der Fokusperson im Unternehmen • Einschätzen der eigenen Kompetenzen, spezifischen Stärken und Talente; den Entwicklungsbedarf aus eigener Sicht benennen • erwartete Einschätzungen der Vorgesetzten/Kollegen/Mitarbeiter benennen	• Aktivieren des Anforderungsprofils bei der Fokusperson • Abrufen des Selbstbildes eigener Kompetenzen • Konstruktion des erwarteten Fremdbildes
Ergebnisdarstellung: Einsicht der Beurteilungsprofile einschließlich der Fremdeinschätzungen	Erarbeiten von Übereinstimmungen und Abweichungen zwischen ... a) Selbsteinschätzungen und Anforderungsprofil b) Selbst- und Fremdeinschätzungen; *hier:* Wie ist das spezifische Verhältnis der eigenen Kompetenzwahrnehmung zu der Wahrnehmung der einzelnen Feedbackgeber-Gruppen (d.h. Vorgesetzte, Kollegen etc.) Diagnose thematischer Verdichtungen: Liegen Übereinstimmungen und Abweichungen eher im Bereich • motivationaler Kompetenzen (z.B. „Entschlusskraft“) • kognitiver Kompetenzen (z.B. „Lernfähigkeit“) oder • sozial-interaktiver Kompetenzen (z.B. „Kooperation und Teamwork“)?	• Einleiten selbstreflexiver Prozesse • Abschätzung der Frage, inwieweit die Fokusperson ihren Jobanforderungen gerecht wird (Person-Job-Fit) • „Modellieren“ der Stärken resp. Entwicklungsfelder • Reduktion der Komplexität des Feedbacks und damit Verbesserung seiner Akzeptanz

Tabelle 5: Fortsetzung

Zeitpunkt im Feedbackgespräch	Thema/Leitfrage	Funktion
nach der Ergebnisdarstellung	Erklären der wichtigsten Ergebnisse: In welchen Bereichen sieht die Fokusperson selbst aufgrund festgestellter Urteilsdifferenzen zu den Feedbackgebern Entwicklungsbedarf? Inwieweit ist dieser tatsächlich bedeutsam im Sinne des Anforderungsprofils?	Aktivieren eigener Deutungsmuster und Entwicklungsperspektiven
	In einem Entwicklungsplan schriftlich fixieren: • Kompetenzfelder mit Entwicklungsbedarf • kurz- und mittelfristig einzuleitende Maßnahmen (die evtl. auch eine Veränderung der Tätigkeitsbedingungen umfassen können) • Angabe von Personen in der Umgebung der Fokusperson, die den Entwicklungsprozess unterstützen können • Angabe eines Zeithorizontes, innerhalb dessen nachhaltige Verhaltensänderungen und Kompetenzverbesserungen realistischerweise zu erwarten sind	Erstellen eines Entwicklungsplanes; Aktivieren des Potenzials zur Selbststeuerung

3.2.4 Phase 4: Folgemaßnahmen

In dieser Phase werden Aktivitäten und Maßnahmen zur Unterstützung der Kompetenzentwicklung eingeleitet und umgesetzt. Ausgangspunkt für diese abschließende Phase ist ein Entwicklungsplan, den die Fokusperson zusammen mit ihrem Feedback-Coach erarbeitet. Als unterstützende Maßnahmen für die Umsetzung entwicklungsstiftender Aktivitäten kommen zusätzlich zu Trainingsmaßnahmen infrage:

- Coaching

Kompetenzentwicklung durch Coaching

Um die Ergebnisse des Feedbacks gewinnbringend für die Fokusperson zu nutzen, bietet sich ein Coaching an. Coaching ist definiert als überwiegend kompetenzbasierter, tätigkeitsbegleitender und zeitlich begrenzter Interaktionsprozess zwischen Coach und Klient (vgl. Rauen, 2005, 2014). Das Coaching für eine Führungskraft („Executive Coaching") soll diese dabei unterstützen, attraktive Entwicklungsziele möglichst nachhaltig zu realisieren und dabei sowohl eigene Schwierigkeiten zu thematisieren als auch Verhaltensalternativen zu erkunden (Ting & Hart, 2004, S. 116). Im deutschen Sprachraum hat sich in den letzten Jahren – ausgehend vom Konzept de Shazers (1990) – ein Verständnis von Coaching durchgesetzt, das durch eine konsequent an den *Ressourcen* des Klienten orientierte *Lösungssuche* gekennzeichnet ist. Anstatt sich auf die Analyse und Deutung des Gewesenen (und daher Unabänderlichen) zu konzentrieren, sollen Herausforderungen unter einem alternativen Blickwinkel gesehen werden. Die Lösungssuche obliegt allein dem Klienten aus seinem eigenen Kontext heraus, der Coach betrachtet diesen zusammen mit dem Klienten, indem sie/er ihn zu alternativen Wahrnehmungen und Denkweisen herausfordert (vgl. Radatz, 2000).

Die Installation eines Coachingprozesses auf der Basis von Feedbackergebnissen für mehrere Fokuspersonen einer Abteilung oder eines Geschäftsbereichs hat u. a. drei Herausforderungen zu bewältigen:

- Bisweilen reagieren Führungskräfte auf den Vorschlag, sich coachen zu lassen, mit Abwehr. Sie befürchten, ein in ihrem Bereich tätiger Coach mache nach außen deutlich, dass sie selbst nicht mehr in der Lage sind, ihre Führungs- oder andere Probleme selbst in den Griff zu bekommen. Zunehmend setzt sich jedoch die Erkenntnis durch, dass Coaching ein Ausdruck von Wertschätzung gegenüber den Führungskräften einer Organisation ist, nämlich dergestalt, in deren Entwicklung proaktiv zu investieren. Bestehen Bedenken gegen Unterstützung durch externe Coaches, werden mancherorts geeignete Führungskräfte gleicher hierarchischer Ebene aus dem eigenen Unternehmen als Coaches eingesetzt (siehe die Fallbeispiele bei Koromzay, 2005; von Pfeil & Schollmeyer, 2005). Zu bedenken gilt es in diesem Zusammenhang, dass eine solche interne Lösung Kräfte über einen längeren Zeitraum bindet.
- Gerade Fokuspersonen mit Tendenzen des Überschätzens neigen dazu, sich einen Coach zu wählen, der sie in ihrer bisherigen Haltung unterstützt – anstatt diese konstruktiv herauszufordern! Der Ausblick auf das Coaching und den angestrebten Entwicklungserfolg fällt daher eher skeptisch aus.
- Um ggf. nachhaltige Verhaltensänderungen einzuleiten, sollte der Coach der Fokusperson eine Orientierung am *Erfolg* vermitteln und nicht eine Orientierung der Vermeidung von *Misserfolg* (Smither & Reilly, 2001). Eine Erfolgsorientierung ermöglicht der Fokusperson eher das Aktivieren eigener, bislang ungenutzter Fähigkeiten, während eine Orientierung am Misserfolg überwiegend defensive und Ich-stabilisierende Abwehrhaltungen mobilisiert.

Plädoyer für Diagnostik im Coaching

Wenngleich Coaching im Führungskräftebereich zunehmend Akzeptanz findet, so sind nicht überall die z. T. launigen Erfolgsversprechen aufgegangen. Dies hängt sicher auch damit zusammen, dass die Klärung der wirklich wichtigen Bedarfe, d.h. die *Diagnostik* im Coaching, noch vergleichsweise unsystematisch betrieben wird. Will Coaching für die Entwicklung von Leadership-Kompetenzen erfolgreich sein, dann sind die beteiligten Führungskräfte gut beraten, tatsächlich systemisch vorzugehen. Strenggenommen bedeutet dies, dass das Coaching keine Folgemaßnahme darstellt, sondern im Mittelpunkt des Entwicklungsarrangements steht. Dies bedeutet, auf der Basis des 360°-Feedbacks zusätzlich zur Selbstsicht der Führungskraft auch die Sicht z.B. der Mitarbeiterinnen und Mitarbeiter oder Kolleginnen und Kollegen einzubeziehen (Scherm & de Jonge, 2012). Diese Akteure haben im systemischen Kontext nicht selten eine andere Wahrnehmung des Führungsverhaltens, sprich die Führungskraft wirkt auf sie ggf. anders als diese selbst dies vermutet. Ohne die Sicht der „relevanten Anderen“ mag es systemisch interessant sein zu coachen, es bleibt aber die Gefahr, für den Erfolg von Führung relevante Themen zu übersehen.

Befunde zur kombinierten Wirksamkeit von Coaching und 360°-Feedback

Betrachtet man die vorliegenden empirischen Befunde zur Wirksamkeit von Coaching, dann zeigt sich, dass der Interventionsansatz überwiegend erfolgreich ist. Nach der bereits in Abschnitt 2.5.6 vorgestellten Metaanalyse von Jones et al. (2015, S. 265) ist Coaching mit einem korrigierten Effekt von $\delta = .36$ wirksam. Am Erfolg der Kombination „360°-Feedback und Coaching“ kommen allerdings im Vergleich zum Ansatz „nur Coaching“ Zweifel auf. Während die kombinierte Variante einen Effekt mit $\delta = .21$ zeitigt, ist der reine Coachingansatz mit einem deutlich größeren Effekt von $\delta = .88$ versehen.

Für die schwächeren Effekte werden von den Autoren vor allem Schwierigkeiten bei der Akzeptanz und Verarbeitung der Feedbackergebnisse verantwortlich gemacht. Man könnte die Erklärung auch dahingehend zuspitzen, dass man die Frage nach einer professionellen Aufbereitung der Feedbackergebnisse stellt: Wie sehr wurde jeweils auf die Ergebnisse eingegangen, welchen Raum hatte der Klient für seine Erfahrungen und Deutungen, wie respektvoll (oder doch konfrontativ?) war die Interaktion zwischen den Partnern usw. In methodischer Hinsicht mindestens ebenso problematisch ist allerdings die Gegenüberstellung der Stichproben in der Metaanalyse zu beurteilen, da der Anteil der „echten Führungskräfte in Unternehmen“ in beiden Bedingungen recht unterschiedlich ausfällt (siehe die Tabelle auf S. 260 f. in Jones et al., 2015, und die Erläuterungen in Abschnitt 2.5.6). Die Befunde der Unterschiede in den Coachingeffekten sind demzufolge für die Frage des Einsatzes eines Feedbacksystems nicht entscheidungsdienlich.

- Übertragung neuer Aufgaben

Kompetenzentwicklung durch Übertragung neuer Aufgaben

Ein gleichfalls attraktiver Weg, die Kompetenzentwicklung von Führungskräften voranzutreiben, ist die Zuweisung neuer und herausfordernder Aufgaben. Dies eignet sich insbesondere, um Kompetenz-Teilbereiche zu fördern. Weniger opportun ist es dagegen, das Aufgabenspektrum zu erweitern, wenn das Feedback gravierende Kompetenzdefizite offenbaren sollte. In diesem Fall dürfte es zu einer Verstärkung von Unsicherheit und Versagensängsten aufseiten der Fokusperson kommen. Um hier gewünschte Veränderungen einzuleiten, sind eher Trainings- oder Coachingmaßnahmen angezeigt.

Es lassen sich verschiedene Arten bzw. Anlässe unterscheiden, mit denen neue Aufgaben an Führungskräfte herangetragen werden (vgl. Lepsinger & Lucia, 2009, S. 189):

a) Bei der *Verantwortungserweiterung* erwartet die betreffende Person ein größeres Aufgabenspektrum, das auch den Einsatz bisher nicht erforderlicher Fähigkeiten und Kompetenzen vorsieht. Mehr Verantwortung ergibt sich z. B., wenn jemand aus einer Stabs- in eine Linienfunktion wechselt und nun mehrere Personen führen muss.
Beispiele für zu entwickelnde Kompetenzen: „Mitarbeiterführung“, „Durchsetzungsvermögen“.
b) *Turn-around*-Aufgaben stellen sich im Zusammenhang mit Abteilungen oder Geschäftsbereichen, die in größere Schwierigkeiten und unternehmerische Schieflage geraten sind. Sie stellen hohe Anforderungen an das Durchsetzungsvermögen und die Überzeugungskraft und werden oft Hoffnungsträgern des Unternehmens („High Potentials“) mit entsprechend ausgeprägten Kompetenzprofilen übertragen.
Beispiele für zu entwickelnde Kompetenzen: „Entschlusskraft“, „Durchsetzungsvermögen“, „Belastbarkeit“.
c) Ähnliche Kompetenzen erfordern Aufgaben, bei denen ein Unternehmen *Neuland* betritt (etwa bei der Entwicklung einer neuen Produktlinie oder bei der Umstellung der Vertriebswege).
Beispiele für zu entwickelnde Kompetenzen: „Umgang mit Unsicherheit“, „Kreativität“.
d) Mit relativ klar definierten *Projektaufgaben* schließlich werden vor allem Nachwuchskräfte der unteren Führungsebene betraut. Dabei möchte man sehen, inwieweit Kandidaten in der Lage sind, Probleme in knapp bemessenen Zeitfenstern effektiv und funktionsübergreifend zu lösen.
Beispiele für zu entwickelnde Kompetenzen: „Flexibilität“, „Konzeptionelles Denken“.

Abschließend ist darauf hinzuweisen, dass die Planung und Implementierung von Feedbackprozessen den spezifischen Erfordernissen der Führungskräfteentwicklung vor Ort Rechnung tragen müssen und insofern auch Abweichungen von diesem Phasenmodell denkbar sind.

Empfehlungen für die erfolgreiche Gestaltung des Feedbackgesprächs

(Bitte betrachten Sie die folgenden Hinweise als *prinzipienbasierte* Vorschläge bzw. Ideen für Ihre Gespräche, diese sind jedoch nicht in Stein gemeißelt. In Abhängigkeit von der Situation kann es durchaus angebracht sein, dass Sie davon abweichen und kreative „Varianten" einführen.)

Sorgen Sie für günstige Rahmenbedingungen!

Da die Feedbackergebnisse einen bedeutsamen Teil des Selbstkonzepts der Fokusperson berühren, sollte ein Gespräch darüber in einem möglichst stressfreien Rahmen stattfinden. Wir versuchen also, einen Kontext zu kreieren, der es unserem Gesprächspartner ermöglicht, möglichst offen für Impulse oder auch irritierende Nachrichten zu sein. Sie bzw. er darf sich im Gespräch grundsätzlich sicher fühlen und unter dieser Bedingung den angeleiteten Wechsel der Perspektiven unternehmen.

In diesem Zusammenhang ist es günstig, wenn Sie Ihren Gesprächspartner vorab darauf hinweisen, dass sie oder er

- das Gespräch so terminiert, dass dieses in einer weitgehend entspannten Atmosphäre stattfinden kann (wenngleich dies bei Top-Führungskräften wegen ihres Verantwortungsdrucks oft schwer zu realisieren sein dürfte);
- genügend Zeit für das Feedbackgespräch einplanen sollte;
- sein Umfeld über das anstehende Gespräch informiert, um möglichst ungestört zu bleiben.

(Sie werden sich vielleicht über diese trivial anmutenden Hinweise wundern. Die Realität der Entwicklungsarbeit vor Ort zeigt jedoch immer wieder, dass ihr Erfolg gerade davon beeinträchtigt wird: nämlich von zu engen Zeitkorsetts, von Störungen aus dem Umfeld, die mit vermeintlich unaufschiebbaren Entscheidungen aufwarten, von eifersüchtigen Vorgesetzten, von Baumaßnahmen vor Ort usw.)

In der Regel finden Feedbackgespräche in den *Räumlichkeiten* der Organisation statt, in der die Fokusperson tätig ist. Hierfür sprechen schlichtweg praktische Gründe. Es mehren sich jedoch die Stimmen derer, die darauf hinweisen, dass ein gezielter Ortswechsel einen positiven Effekt auf die Aufnahme von Entwicklungsimpulsen haben kann. Der Ortswechsel kann auch Gesprächsräume vorsehen, die jenseits des klassischen Leistungskontextes liegen. So plädiert Lang (2017) unter Verweis auf neuere Studien dafür, die Entwicklungsarbeit in die *Natur* zu verlegen. Indem die überwiegende Orientierung auf den Leistungsgedanken vorübergehend zugunsten eines Raumes aufgegeben wird, der keine unmittelbaren Forderungen an die Person richtet, wird erst Entspannung und dann der anvisierte Perspektivwechsel möglich. In einem naheliegenden weiteren Schritt kann die Entwicklungsarbeit in der Natur zusätzlich mit *Bewegung* verbunden werden.

Sorgen Sie für ein wertschätzendes und entwicklungsförderliches Gesprächsklima ...

Ein angenehmes Klima macht es Ihrem Gesprächspartner leichter, auch unangenehme Nachrichten in einer offenen Haltung entgegenzunehmen. Gute Chancen, ein solch positives Klima herzustellen, bestehen, wenn Sie sich an den Regeln klientenzentrierter Beratung orientieren (Tausch & Tausch, 1990): u.a. einfühlendes (empathisches), nicht wertendes Verstehen der Gefühle des Gegenübers, Entgegenbringen von Achtung und Echtsein, d.h. Verhalten, Mimik und Gestik des Feedback-Coachs stimmen mit dessen innerem Erleben überein.

Darüber hinaus ist es sinnvoll, ein Klima der Aussicht auf erfolgreiche Entwicklung zu befördern. In diesem Zusammenhang haben sich Vorschläge bewährt, wie sie im Konzept des *Motivational Interviewing (MI)* (Miller & Rollnick, 2002) vertreten werden, das vor allem im Bereich der sozialen Arbeit und der Beschäftigung mit klinischen Fragestellungen erfolgreich angewendet wird. Die Vorschläge zielen darauf ab, die Motivation des Klienten für notwendige Veränderungen zu stärken und eine „Es-geht-Haltung" zu fördern. Dadurch sollen zugleich die verfügbaren Ressourcen mobilisiert werden. In diesem Sinne sind die Vorschläge auch für den Feedbackkontext gewinnbringend einsetzbar. Zusätzlich zu einer empathischen Gesprächsführung sind besonders folgende Aspekte interessant (Anstiss & Passmore, 2013, S. 351):

- die Tendenz zu vermeiden, dem Klienten Ratschläge zu geben und die Dinge als Tatsachen zu fixieren; dies könnte dazu führen, dass der Klient Widerstand aufbaut und evtl. genau das Gegenteil von dem tut, was ihm anempfohlen wird;
- die Motivation des Klienten zu erkunden und zu verstehen (z.B.: „Was wäre die für Sie günstigste Entwicklung"; „Womit wäre Ihnen jetzt am ehesten geholfen?");
- den Klienten zu stärken, indem die Chance auf Entwicklung optimistisch eingeschätzt wird;
- sich *mit* dem Widerstand des Klienten im Gespräch zu bewegen, nicht *gegen* diesen; damit sollen gleichfalls mögliche Tendenzen innerer Abwehr oder Blockaden vermieden werden bzw. der Klient offen gehalten werden für Entwicklungsoptionen (besonders bei eher unangenehmen Feedbackbotschaften; z.B.: „Ich kann gut nachvollziehen, dass die Einschätzung Ihrer Mitarbeiter für Sie jetzt etwas überraschend ausfällt"; „Möglicherweise hatten Sie ein positiveres Feedback durch Ihren Vorgesetzten erwartet");

- die Diskrepanzen zwischen dem aktuell praktizierten Verhalten und dem angestrebten Zustand aufzuzeigen; hier ist Fingerspitzengefühl gefragt, denn wenn die Unterschiede im Gespräch zu stark betont werden, kann dies für den Klienten kontraproduktiv weil frustrierend sein (hier ein Vorschlag, die Unterschiede „verträglich" zu thematisieren: „Das Feedback Ihrer Mitarbeiterinnen und Mitarbeiter weist darauf hin, dass Sie ihnen in gewissem Maße Aufgaben verantwortungsvoll übertragen, und es besteht der ausgesprochene Wunsch, dass Sie dies in noch stärkerem Maße als bisher tun. Welche interessanten Möglichkeiten ergäben sich für Sie, wenn Sie dem Wunsch Ihrer Mitarbeiter entgegenkommen würden? Wo liegen aber auch mögliche Schwierigkeiten oder Hindernisse?").

… aber signalisieren Sie falls nötig auch eigene Stärke und Durchsetzungsvermögen!

Gerade Führungskräfte der oberen Ebene sind häufig darauf „geeicht", nach einem freundlichen Gesprächseinstieg durch Dominanzgesten und kritische Bemerkungen ihr (in diesem Fall imaginäres) Revier abzugrenzen. Etwa so: „Und Sie sind sicher, dass Ihr Feedbackverfahren die richtigen Themen abdeckt?" Personalentwickler mit psychologischem Hintergrund präsentieren sich dagegen oft als zu weicher Gesprächspartner und laufen dadurch Gefahr, als Feedbackvermittler wenig respektiert zu werden. Ein Respekt erheischender Hinweis in diesem Fall wäre: „Ganz sicher – und wir haben nicht nur die wirklich wichtigen Themen abgedeckt, sondern hoffentlich auch alle wichtigen Feedbackgeber."

Stimulieren Sie Selbstreflexion und Auseinandersetzung mit sich selbst!

Der besondere Wert von Feedback liegt in der Möglichkeit, eine Person zum Nachdenken über sich selbst und ihr Verhalten anzuhalten („in sich zu gehen"). Um selbstreflexive Prozesse zu stimulieren, ist besonders der Abgleich des Selbst- mit dem Fremdbild geeignet. Dabei können Ihnen zwei Gesprächstechniken wertvolle Dienste leisten:

a) *Offene Fragen* stellen: Offene Fragen sind solche, die Ihr Gesprächspartner nicht mit „ja" oder „nein" beantworten kann. Sie laden sie bzw. ihn viel mehr dazu ein, sich zu öffnen und von sich zu erzählen. Auf diesem Wege erfahren Sie mehr vom Selbstkonzept, von hinter dem Verhalten stehenden Beweggründen, Emotionen usw. Offene Fragen sind ferner auch dazu angetan, schweigsame und reservierte Personen aufzulockern. Nach Bedarf können Sie Ihrem Gesprächspartner dadurch auch die Möglichkeit geben, seinem Ärger Luft zu machen.
   Beispiel: „Was könnte Ihren Vorgesetzten zu dieser Einschätzung bewogen haben?" (Anstatt: „Finden Sie sich in der Einschätzung Ihres Vorgesetzten wieder?")

b) *Paraphrasieren* von Gesprächsinhalten: Indem Sie Aussagen Ihres Gesprächspartners aufgreifen und in eigenen Worten wiedergeben, signalisieren Sie nicht nur Ihre Anteilnahme und Verständnis. Sie stellen darüber hinaus sicher, dass Sie seine Sicht der Dinge zutreffend aufgenommen haben bzw. geben ihm Gelegenheit, diese noch weiter zu illustrieren. Beispiel: (Feedbacknehmer) „Ich bin schon sehr erstaunt darüber, dass meine Mitarbeiter mich bei ‚Teamwork' und ‚Kooperation' so niedrig einstufen. Ich versuche in unseren Meetings eigentlich immer, alle einzubeziehen. Auch im Alltagsgeschäft liegt mir viel daran, dass wir schwierige Fragen, wann immer möglich, gemeinsam angehen." (Feedback-Coach) „Die Einschätzungen Ihrer Mitarbeiter decken sich nicht damit, wie Sie selbst den Austausch untereinander in der Abteilung sehen?"

Stellen Sie Tätigkeitsbezug her!

Die Ergebnisse des Feedbacks entstammen immer einem spezifischen Kontext aus Aufgaben und Beziehungen von Personen. Erwecken Sie Kompetenzeinschätzungen und -profile dramaturgisch zum Leben, indem Sie den Feedbackempfänger bitten, Situationen zu schildern, anhand derer sich das Zustandekommen sowohl der Selbst- als auch der Fremdeinschätzungen rekonstruieren lassen. Versuchen Sie gemeinsam mit Ihrem Feedbackempfänger abzuklären, inwieweit die Situationen für ihn herausfordernd oder kritisch waren. Und: Welche Lernchancen ergaben sich daraus bzw. lassen sich im Nachhinein rekonstruieren?

Bieten Sie eigene Deutungen an!

Entgegen der vorherrschenden Überzeugung, ein Feedback-Coach solle sich eigener Interpretationen enthalten bzw. diese für sich behalten, vertreten wir gerade die Auffassung, dass es zu ihrer oder seiner originären Aufgabe gehört, dem Feedbackempfänger verschiedene Deutungsszenarien an die Hand zu geben. Pointierend ließe sich fragen, wozu man überhaupt einen Feedback-Coach benötigt, wenn dessen vorrangige Aufgabe lediglich darin besteht, Kompetenzeinschätzungen aus dem Ergebnisreport zu verlesen (dies kann der betreffende Feedbackempfänger vermutlich auch ohne Hilfe). Wer sonst hat die Möglichkeit, ihr oder ihm aus so unvoreingenommener Perspektive Lesarten anzubieten, die geeignet sein können, die eigenen liebgewonnenen Fehleinschätzungen, verzerrten Wahrnehmungen etc. aufzubrechen?

Halten Sie Balance zwischen „good and bad news"!

Bei Personen, deren Feedback deutlich kritisch ausfällt, besteht die große Gefahr, dass sie den Nutzen des Feedbacks gänzlich infrage stellen (Gespräche mit Personen, die überwiegend positives Feedback erhalten haben, sind in aller Regel unproblematisch). Hier ist wichtig, in der Feedbacksitzung zwischen positiven und unangenehmen Botschaften auszubalancieren. Unangenehme Botschaften kommunizieren Sie für Ihren Feedbackpartner verträglicher, indem Sie ihn selbst die kritischen Ergebnisse beschreiben lassen (und damit seinen „inneren Zensor" gnädig stimmen): „Welche Bedeutung haben die Einschätzungen Ihres Vorgesetzten bezüglich der Kompetenzen ‚Entschlossenheit' und ‚Initiative' für Sie"?

Hinweis zur „*Gefahrengutverordnung*": Bereits an dieser Stelle weisen wir darauf hin, dass es für eine erfolgreiche Entwicklung des Klienten entscheidend darauf ankommt, die dafür notwendige Motivation des Klienten zu stärken, ihn mithin für eine Veränderung positiv aufzuschließen. Dies ist im Übrigen kein Widerspruch zu der systemischen Auffassung von Beratung, der zufolge die Lösung für Probleme aus dem Klienten selbst heraus gelingen soll (z. B. Radatz, 2000). Die Gratwanderung zwischen positiver Irritation und einem Zuviel an unangenehmen Botschaften gestaltet sich in der Praxis nicht immer einfach. Hin und wieder gewinnen wir den Eindruck, dass gerade auffällige Unterschiede zwischen Selbst- und Fremdbild von ihr oder ihm nur widerwillig aufgegriffen werden. Um zu vermeiden, dass der „Wächter des Selbstwerts" (Stahl, 2009, S. 121ff., siehe ausführlicher Abschnitt 4.3.2) übermäßig auf den Plan tritt und der Klient in eine Schutzhaltung geht, empfiehlt es sich, (rechtzeitig) im Gespräch darauf hinzuweisen, dass es sich beim Feedback lediglich um Wahrnehmungen der Beteiligten handelt – nicht um Wahrheiten. Andernfalls besteht die Gefahr, dass der Klient sich mit seiner Kränkung beschäftigt und ihre bzw. seine ganze innere Energie dafür aufwenden muss, eine sich selbst bejahende Haltung zurückzugewinnen. Wie wir längst wissen, ist diese Konstellation wohl für ein Scheitern von Feedback mitverantwortlich (Kluger & DeNisi, 1996; siehe Abschnitt 2.5.6).

Dosieren Sie Ihre Feedbackbotschaften angemessen!

Konzentrieren Sie sich auf das Wesentliche, z. B.: Wo liegen die außerordentlichen Stärken dieser Person? Welche Abweichungen zwischen Selbst- und Fremdbild gefährden unter Umständen ihren Joberfolg? Wo liegen die Ursachen für Feedbackergebnisse (in der Biografie der Fokusperson, in Interessensgegensätzen, in der Person der Feedbackgeber)? Denken Sie daran, dass Führungskräfte unter notorischem Zeitmangel leiden und eine entsprechend kompakte Dramaturgie für die Feedbacksitzung erwarten.

4 Vorgehen und Probleme

4.1 Leitfaden für die erfolgreiche Auswahl von Feedbackverfahren

Die nachfolgenden Regeln zur Auswahl eines Feedbackverfahrens stützen sich auf eigene Beratungserfahrungen sowie -konzepte und beziehen darüber hinaus die Empfehlungen renommierter Forschungs- und Beratungsinstitute ausdrücklich mit ein (vgl. für eine ausführliche Darstellung Leslie, 2013; Van Velsor, Leslie & Fleenor, 1997). Sie sollen den oder die Entscheider in erster Linie dabei unterstützen, ein für die eigenen Bedarfe passendes, bereits *einsatzfähiges* Verfahren ausfindig zu machen. Ebenso dienlich (wenn auch nicht vollständig übertragbar) sind sie jedoch auch für den Fall, dass Sie ein eigenes Verfahren entwickeln wollen.

1. Schritt: Strategische Ziele klären

Bedarf der Zielgruppen identifizieren

Definieren Sie Ziel und Zweck des von Ihnen angestrebten Feedbackprozesses! Die Ermittlung des Bedarfes Ihrer Zielgruppen ist nicht nur essenziell für die Wahl eines geeigneten Feedbackinstrumentes, sondern für den Erfolg des gesamten Feedbackprozesses. Versuchen Sie dabei auch zu ermitteln, ob es neben den offenen und öffentlich erklärten auch verdeckte oder bis dato unausgesprochene Ziele gibt. Klären Sie nach Möglichkeit die Vereinbarkeit der ermittelten Zielsetzungen.

Beziehen Sie dabei nicht nur die in Ihrem Unternehmen treibenden Kräfte und „Machtpromotoren" mit ein, sondern stimmen Sie dies vor allem auch mit den potenziellen Fokuspersonen und Feedbackgebern ab. Sorgen Sie dafür, dass alle direkt und indirekt beteiligten Personenkreise an der Klärung folgender Fragen beteiligt sind:

Soll der Feedbackprozess
- der *Kompetenzentwicklung* der einbezogenen Führungskräfte (spätere Leistungsverbesserung nicht ausgeschlossen ...) oder
- einer *Personal-* und *Leistungsbeurteilung* oder
- anderen Zielen dienen, z. B. der Verbesserung des Klimas im Geschäftsbereich oder der *Organisation*?

Feedback zur Leistungsbeurteilung birgt die Gefahr verzerrter Ratings

Bedenken Sie bei Ihren Überlegungen, das Feedback zur Leistungsbeurteilung einsetzen zu wollen, dass dies die Gefahr negativer Einstellungen sowohl bei Beurteilten als auch Beurteilern mit entsprechenden Folgetendenzen wie z. B. übermäßig guter Ratings erhöht (Waldman, Atwater & Antonioni, 1998, S. 88; vgl. auch Abschnitt 3.1.3). Legen Sie die getroffene Zielvereinbarung im Sinne eines höheren Commitments aller Beteiligten schriftlich fest.

2. Schritt: Marktüberblick verschaffen und Kompatibilität abschätzen

Prüfen Sie die am Markt vorfindlichen Instrumente mit Blick auf Ihre eigenen Feedbackziele und Randbedingungen!

In den vergangenen Jahren ist ein sprunghafter Anstieg von Verfahren mit z. T. sehr unterschiedlichen Einsatzmöglichkeiten zu verzeichnen. Diese versuchen, nicht nur den angloamerikanischen Unternehmenscharakteristiken, sondern auch den speziell europäischen und deutschen gerecht zu werden.

Kompatibilität abschätzen

Wenn Sie den Kreis der für Sie infrage kommenden Feedbackinstrumente auf eine „handliche" Zahl eingegrenzt haben, dürfte Ihnen neben einem Qualitäts-Check (siehe 4. und 5. Schritt) vor allem an einem ersten *Kompatibilitäts-Check* gelegen sein. Kompatibilitäts-Check bedeutet, dass Sie durch ein Studium des zugehörigen Manuals erfahren oder prüfen können,

a) für welche *Zielsetzung* das Instrument ausgelegt ist (Entwicklung versus Leistungsbeurteilung).
b) inwieweit es mit dem in Ihrem Unternehmen gepflegten Kompetenzmodell in Einklang steht bzw. eine willkommene Erweiterung desselben darstellt (Krumm, Mertin & Dries, 2012; Sarges, 2001). Eine Schwierigkeit kann z. B. darin bestehen, dass Ihr Modell stark auf die vermutlich in der *Zukunft* wichtigen Kompetenzen ausgerichtet ist, die infrage kommenden Instrumente jedoch lediglich die gegenwärtigen Anforderungen erfassen.
c) an welche *Zielgruppen* sich das Verfahren wendet und inwiefern ein entsprechender Einsatz erprobt ist. Die Frage der Zielgruppe betrifft nicht nur die einzuschätzenden *Kompetenzinhalte*, d. h. für welche Gruppe von Fokuspersonen welche Kompetenzen oder Verhaltensbereiche attraktiv für eine Selbst- und Fremdeinschätzung sind. Sie ist auch wichtig für die *Normierung*, die einen Vergleich von Feedbackergebnissen mit einer Gruppe vergleichbarer Personen vorsieht und somit eine orientierungsstiftende Einordnung ermöglicht. Die Erfordernisse in Ihrem Unternehmen mögen etwa den Einsatz bei Führungskräften der höheren Ebene vorsehen, das Instrument ist jedoch lediglich bis zur mittleren Ebene einsetzbar (beispielsweise fehlen Kompetenzdimensionen etwa zur strategischen Neuausrichtung von Unternehmensbereichen).
d) welche *Entwicklungsmaßnahmen* der Einsatz und die möglichen Ergebnisse des Instruments erfordern und wie diese in Ihre Human-Resources-Strategien eingebunden werden können. Ein Verfahren, das in einem Breitbandansatz unterschiedliche Kompetenzbereiche von Führung (kognitive, sozial-interaktive, motivationale) adressiert, benötigt andere Förderpro-

gramme und Kapazitäten als ein Instrument, das nur einen Bereich anspricht (z. B. das Lernpotenzial). Im ersten Fall ist ein aufeinander abgestimmtes Trainings- oder Coachingprogramm angezeigt, im zweiten könnten schon wenige Trainingsmodule (vgl. Felfe & Franke, 2014) erfolgversprechend sein.

3. Schritt: Die Feedbackphilosophie prüfen

Theoretische Fundierung und empirische Bewährung prüfen

Viele Feedbackinstrumente basieren auf umfangreichen, zumeist empirischen Untersuchungen zur (Karriere-)Entwicklung und zum erfolgreichen Handeln von Führungskräften. Andere Verfahren folgen in ihrer Konstruktion und den vorgegebenen Skalen ausschließlich theoretischen Annahmen und Modellvorstellungen. Und nicht selten verbinden Instrumente auch beides, nämlich eine grundständige theoretische Fundierung und eine entsprechende empirische Überprüfung derselben (Validierung). Die Erfahrung zeigt, dass es günstig ist, die unterschiedlichen Ansätze und konzeptionellen Eckpfeiler mit den in Ihrem Unternehmen gängigen Vorstellungen und Modellen von Managementhandeln zu vergleichen und so die Wahl des geeigneten Instruments vorzubereiten.

Beispiele für Feedbackinstrumente:

„Benchmarks“

Hierzu zwei Beispiele: Der Feedbackklassiker „Benchmarks“ des *Center for Creative Leadership* (CCL; Dalton, Lombardo, McCauley, Moxley & Wachholz, 1996; siehe auch Scherm, 1999) basiert auf der (wenigstens für den US-amerikanischen Sprachraum) umfangreich untersuchten Frage, wie Führungskräfte mit kritischen beruflichen Erfahrungen umgehen und was sie daraus lernen. Der Feedbackfragebogen selbst reflektiert die Ergebnisse der Untersuchungen, indem er im Wesentlichen genau diejenigen Kompetenzen abfragt, auf denen sich die Führungskräfte *mit* vs. *ohne* gravierende Karriereprobleme als Folge mangelnder Bewältigungsfähigkeiten deutlich unterscheiden. Beispiele für entsprechend trennscharfe Kompetenzen sind „Entschlossenheit“, „Umgang mit schwierigen Mitarbeitern“ oder auch „Flexibilität im Handeln“. Inzwischen wird Benchmarks durch das CCL in eine umfassende Development-Architektur integriert (Center for Creative Leadership, 2018).

„SYMLOG“

Der Konstruktion von *SYMLOG* liegt die Annahme zugrunde, dass sich Führungskräfte mit ihrem Verhalten in einem dynamischen Kräftefeld bewegen. Ihr Handeln wirkt sich auf die Personen in ihrem Umfeld aus und verändert – positiv oder negativ – auch deren Lage im Feld (vgl. Leslie, 2013, S. 447). Menschen zu (Ergebnissen zu) führen, bedeutet die Dynamik von Gruppen zielführend zu gestalten. Verhalten und personale Orientierungen (in der Diktion des Verfahrens wird von „values“ gesprochen) werden zu drei grundlegenden, für das effektive Führen von Gruppen essenziell wichtigen Dimensionen geordnet: Dominanz, Freundlichkeit und Aufgabenorientierung. Dominanz (mit dem Gegenpol Submissivität) umfasst Verhaltensaspekte der

Einflussnahme auf andere; Freundlichkeit (Gegenpol Unfreundlichkeit) umfasst Aspekte von gruppenbezogenem, kooperativen Verhalten; Akzeptieren von Aufgabenorientierung durch Autorität (Gegenpol Ablehnen von Aufgabenorientierung) schließlich umfasst Aspekte des Annehmens und der Verbindlichkeit von Regeln für erfolgreiches Handeln (SYMLOG Consulting Group, 2019). Die Analyse der Feedbackdaten ergibt die vielversprechende Möglichkeit, die Führungssituation nicht nur der Fokuspersonen selbst zu entwickeln, sondern die des Teams insgesamt.

So können Sie entscheiden: Ist Ihnen z.B. daran gelegen, Ihren Führungskräften Feedback darüber zu geben, wie sie im Vergleich zu Personen mit ähnlichen Aufgaben mit kritischen Situationen „on the job" umgehen, wäre ein Verfahren nach dem „Bauprinzip" von Benchmarks angezeigt. Sind Sie mit Blick auf die Situation in Ihrem Unternehmen eher daran interessiert, Ihren Zielpersonen einen vertieften Einblick hinsichtlich gruppenbezogener erfolgskritischer Kompetenzen zu vermitteln, wären Sie mit „SYMLOG" oder einem vergleichbaren Verfahren vermutlich besser bedient. (Für eine Übersicht der gängigsten 360°-Befragungsinstrumente ist auf Leslie (2013) zu verweisen.)

4. Schritt: Die Skalen inspizieren (Qualitäts-Check I)

Haben Sie den Aspekt der Feedbackphilosophie geprüft, so sollten Sie sich nun dem Aufbau des Feedbackinstruments im Einzelnen zuwenden. Hierbei sind ohne Anspruch auf Vollständigkeit folgende Fragen zu klären:

- Inhaltliche Abdeckung

Werden Ihre inhaltlichen Erwartungen hinsichtlich der behandelten *Kompetenzdimensionen* erfüllt? Prüfen Sie, ob die infrage kommenden Instrumente auch tatsächlich die von Ihnen gewünschten Kompetenzdimensionen, Verhaltensbereiche o.Ä. abdecken. Zur Orientierung kann es nützlich sein, die gewünschten Kompetenzen unter wenige Bereiche zusammenzufassen.

Tendenziell breit angelegte Feedbacksysteme umfassen in der Regel drei *Bereiche* (vgl. hierzu auch Sarges, 2000, S. 113):
- die Seite der *Kognition*, d.h. die analytische und konzeptionelle Fähigkeit, Probleme zu lösen;
- die Seite der *Motivation* mit ihren einzelnen Facetten des Energieniveaus, der Leistungsmotivation, der Belastbarkeit etc.;
- die Seite der *sozialen Interaktion*, d.h. die Fähigkeit, mit anderen aufgabenorientiert in Kontakt zu treten und sich je nach Situation anzupassen oder durchzusetzen.

Feedbacksysteme sollten die Bereiche der Kognition, Motivation und Interaktion abdecken

In Zukunft dürfte neben diesen auch der Bereich der *Emotionalität* eine verstärkte Beachtung finden – im Kontext der wissenschaftlichen Führungsforschung bislang eher stiefmütterlich behandelt (mal als Teilkomponente der Motivation, mal als Teilkomponente der sozialen Interaktion).

Also: Fehlen wichtige Kompetenzen im Feedbackinstrument? Werden manche Facetten mehrfach adressiert (z. B. im Bereich Motivation die „Energie" einer Person unter den Dimensionsbezeichnungen „unternehmerischer Elan" wie unter „zielführende Dynamik")? Wenn ja: Welche inhaltlich nachvollziehbaren Gründe geben die Autoren dafür an?

- Ausrichtung der Items

Die Items, mit denen die einzelnen Kompetenzen erfasst werden, können unterschiedlich ausgerichtet sein.

Drei verschiedene Ausrichtungen von Items:

Es lassen sich mindestens drei Ausrichtungen unterscheiden (siehe auch Abschnitt 2.3):
- die *kompetenzbezogene* Ausrichtung. Das vom Beurteiler einzuholende Eindrucksurteil bezieht sich auf eine Fähigkeit oder Kompetenz der Fokusperson. Beispielitem aus dem Bereich Kognition: „... kann Wissen und Erfahrungen aus vertrauten Situationen auf neue Felder übertragen".
- die *persönlichkeitsbezogene* Ausrichtung. Das Eindrucksurteil bezieht sich auf Eigenschaften der Fokusperson. Beispielitem aus dem Bereich Motivation: „... ist ehrgeizig".
- die *verhaltensbezogene* Ausrichtung. Das Eindrucksurteil bezieht sich auf das beobachtbare Verhalten der Fokusperson. Beispielitem aus dem Bereich soziale Interaktion: „... spricht Konflikte mit Teammitgliedern offen an".

Die kompetenzbezogene Ausrichtung

Kompetenzbezogene Itemformulierungen besitzen tendenziell ein hohes Entwicklungspotenzial für die Kandidaten. Um das Beispiel von oben aufzugreifen: Gelingt es einer Führungskraft tatsächlich, ihre Fähigkeit zu verbessern, Erfahrungen aus bekannten Situationen erfolgreich auf neue zu übertragen, so kann dies einen enormen Fortschritt für ihre berufliche Tätigkeit bedeuten. Allerdings liegt die Schwierigkeit darin, dass das Item selbst noch keine unmittelbare Antwort darauf enthält, wie diese Fähigkeit verbessert werden soll (dies wäre dann eher die Aufgabe der Auswahl geeigneter Interventionsmaßnahmen z. B. via Trainings).

Die persönlichkeitsbezogene Ausrichtung

Ungleich größere Probleme werfen *persönlichkeitsbezogene* Itemformulierungen auf, da diese tendenziell wenig veränderbare Größen einer Person ansprechen[4]. Wenn sich eine Führungskraft beispielsweise für sehr ehrgeizig hält, ihr Umfeld dies jedoch (zutreffenderweise) gänzlich anders sieht: Wie bringen Sie ihr bei, den Anspruch an die eigene Leistung neu zu definieren? Welche Maßnahmen sind dabei erfolgversprechend, kommen doch nicht nur die kritische Reflexion der eigenen, überzogenen (Fehl-)Einschätzung, sondern vor allem die Veränderung der eigenen Belohnungsstrukturen infrage. Und dies dürfte, falls überhaupt von Erfolg gekrönt, einige Zeit in Anspruch nehmen.

Die verhaltensbezogene Ausrichtung

Gerade für die Frage der Bildung des Eindrucksurteils (siehe Abschnitt 2.4) stellt die *verhaltensbezogene* Formulierung von Items eine große Erleichterung dar. Wenn eine Führungskraft Konflikte in Teams offen anspricht, ist dies für ihr Umfeld sicht- und beobachtbar. Damit erhöht sich die Wahrscheinlichkeit einer relativ übereinstimmenden (d.h. reliablen) Beurteilung durch die Feedbackgeber – vorausgesetzt, diese haben in etwa die gleiche Chance, das Verhalten überhaupt beobachten zu können. Tendenziell negative Fremdeinschätzungen besitzen instruktiven Charakter. Die Führungskraft sollte sich aus ihrer eher konfliktmeidenden zu einer aktiven Haltung hin entwickeln, nämlich die Konfliktpartner bei offenkundigen Reibungsverlusten und atmosphärischen Spannungen schneller anzusprechen. (Allein so einfach, wie es manche gut gemeinte Ratgeber formulieren, ist eine Entwicklung sicher auch hier nicht zu realisieren. Denn individuelle Strategien der Konfliktbewältigung dürften wiederum im Zusammenhang mit relativ schwer entwickelbaren Persönlichkeitseigenschaften wie z.B. der Verträglichkeit oder der Extraversion stehen.)

5. Schritt: Die Gütekriterien des Verfahrens prüfen (Qualitäts-Check II)

Ein wichtiges Entscheidungsfeld für oder gegen ein spezielles Feedbackinstrument betrifft seine Qualität gemessen an in der psychologischen Test- und Fragebogenforschung klassischen Standards, den sogenannten *Gütekriterien*. Entsprechende Ausführungen und Hinweise dürfen und sollten Sie von der dem Feedbackmaterial unbedingt beiliegenden Handanweisung oder dem Manual erwarten. Für den nicht psychometrisch geschulten Entscheider lesen sich die Angaben oft wenig nutzerfreundlich und übermäßig technisch, zutreffend eingeordnet stellen sie jedoch eine fast unverzichtbare Hilfestellung bei der Auswahl dar.

---

4 Studien zu den fünf zentralen Persönlichkeitseigenschaften (engl. „traits“) belegen eindrucksvoll deren Stabilität auch über große Zeitspannen. So zeigt sich gerade die für verschiedene Aspekte der beruflichen Leistung besonders wichtige Eigenschaft der „Gewissenhaftigkeit“ einer Person über einen Zeitraum von mehr als 20 Jahren als bemerkenswert beständig ($r = .52$; Judge, Higgins, Thoresen & Barrick, 1999, S. 636).

Die für 360°-Feedbacks wichtigen Gütekriterien sind die *Reliabilität* und die *Validität* eines Instruments (vgl. Leslie, 2013, S. 21 ff.; für eine allgemeinere Darstellung eignet sich Fisseni, 2004, S. 46 ff.).

• Reliabilität

Nicht nur für psychologische Leistungs- und Persönlichkeitstests (Hossiep & Mühlhaus, 2015; Krumm & Schmidt-Atzert, 2009), sondern auch für Feedbackverfahren ist die Reliabilität eminent wichtig.

Wie reliabel ist das Feedbackinstrument?

Reliabilität eines Verfahrens wie hier zur Erfassung von Feedbackurteilen bedeutet, dass

- es die abgefragten Kompetenzen zuverlässig und kompakt abbildet; d. h. die einzelnen Items und Verhaltensbeschreibungen, die eine Kompetenz erfassen sollen, indizieren diese tatsächlich in homogener Weise und werden von den Beurteilern alle in gleicher Weise beantwortet *(innere oder interne Konsistenz)*;
- Feedbackgeber innerhalb derselben Beurteiler-Gruppen (z. B. der Gruppe der Vorgesetzten oder Kollegen) zu übereinstimmenden Urteilen etwa bezüglich der gleichen Fokusperson gelangen *(Interrater-Reliabilität bzw. Objektivität)*;
- eine spätere Feedbackrunde unter nahezu gleichen Bedingungen zu gleichen Einschätzungen führt *(Retest-Reliabilität)*.

Innere Konsistenz

Für das Reliabilitätsmaß der *inneren* (bzw. internen) *Konsistenz* gilt ein Richtwert von ≥.70 (Cronbachs α; vgl. Guion, 1998, S. 244 f.). Verfahren, deren Kompetenzskalen diesen Wert mehrheitlich unterschreiten, befinden sich entweder noch in der Pilotierungsphase oder erfordern eine kritisch-distanzierte Einschätzung.

Interrater-Reliabilität

Besondere Aufmerksamkeit sollte die *Interrater-Reliabilität* als Maß der Objektivität genießen (Objektivität deshalb, weil hierbei die Unabhängigkeit der Einschätzungen von den einzelnen Urteilern thematisiert wird). Die Interrater-Reliabilität wird über den bivariaten Korrelationskoeffizienten oder als Intraclass-Korrelationskoeffizient (per Cronbachs α) ausgewiesen. Viswesvaran, Ones und Schmidt (1996, S. 563 f.) geben auf Basis einer umfangreichen Metaanalyse die über neun Beurteilungsdimensionen gemittelte durchschnittliche Interrater-Reliabilität von Vorgesetztenurteilen mit .53, die über sechs Beurteilungsdimensionen gemittelte Interrater-Reliabilität von Kollegenurteilen mit .42 an (bei den angegebenen Werten handelt es sich um mittlere Korrelationskoeffizienten). Diese Werte können als empirisch fundierte

Vergleichswerte für die Einordnung eigener Feedback-Reliabilitäten betrachtet werden.

Ursachen niedriger Interrater-Reliabilität

Für den Fall wenig übereinstimmender Urteile, d. h. einer niedrigen Reliabilität zwischen Feedbackgebern, sind verschiedene Ursachen zu diskutieren. Zum einen kann es vorkommen, dass Beurteiler bei der Vergabe ihrer Einschätzungen schlicht unkonzentriert sind oder sich trotz intensiven Bemühens an wichtige Verhaltensereignisse nicht mehr erinnern können. Zum anderen können spezifische Effekte auftreten, die die Interaktion eines einzelnen Beurteilers mit bestimmten Fragen oder mit der Erfassung einer Kompetenz insgesamt betreffen. So kann beispielsweise jemand die Einschätzung auf der Kompetenzdimension „Fähigkeit zur Teambildung“ unter Umständen nur widerwillig vornehmen, weil sie oder er diese Kompetenz für die zu beurteilende Funktion als wenig relevant betrachtet. Dadurch können seine Einschätzungen Verzerrungen unterliegen (die im Übrigen auch die innere Konsistenz der zugrundeliegenden Skala beeinträchtigen).

Die genannten Umstände werden in der Terminologie der psychologischen Messtheorie unter dem Begriff der *Messfehler* zusammengefasst. Systematische und zufallsbedingte Messfehler verhindern im Fall des 360°-Feedbacks (aber auch im Zusammenhang mit der Leistungsbeurteilung) die akkurate Erfassung der „wahren Werte“ des Verhaltens und der Kompetenzen.

In diagnostischer Hinsicht aufschlussreich ist der Fall, bei dem die Interrater-Reliabilität des Feedbacks über *unterschiedliche* Perspektivgruppen hinweg (Vorgesetzte, Kollegen, Mitarbeiter) *niedrig*, innerhalb dieser Gruppen jedoch *hoch* ausfällt. Unter dieser Konstellation können die unterschiedlichen Feedbackurteile die „wahren“, von Messfehlern weitgehend freien Werte näherungsweise abbilden. Eine plausible Erklärung besteht darin, dass sich die Fokusperson hierarchisch unterschiedlichen Bezugspersonen gegenüber möglicherweise verschieden verhält und diese sich, da sie über abweichende Verhaltensstichproben verfügen, entsprechend unterschiedliche Eindrucksurteile bilden.

Retest-Reliabilität

Das Kriterium der *Retest-Reliabilität* wird gleichfalls über Korrelationskoeffizienten abgebildet und ist im Zusammenhang mit 360°-Feedbacks nur schwer zu realisieren bzw. gar nicht anvisiert. Denn es ist ja gerade das programmatische Ziel von Feedbackverfahren, die persönliche Entwicklung in Richtung eines Kompetenzzuwachses voranzutreiben – und dies sollte sich bei eingetretener Entwicklung auch in den Feedbackergebnissen niederschlagen (solange noch kein Deckeneffekt erreicht ist). Ein Forschungsleiter in einem Pharmaunternehmen beispielsweise, der drei Jahre nach der ersten Feedbackrunde deutlich mehr Substanzen als zum ersten Zeitpunkt in die Phase der klinischen Prüfung geben kann, sollte sich auf der Kompetenzdimension „effektive Steuerung von Projekten" im Urteil von Vorgesetzten und Kollegen verbessert zeigen – und gerade nicht gleich eingeschätzt werden.

- Validität

Wichtiger noch als die Frage nach der Reliabilität ist die nach der Validität eines Feedbackinstruments und seiner Kompetenzskalen.

Wie valide ist das Feedbackinstrument?

Im Kern bezeichnet die *Validität* eines Verfahrens den Umstand, dass es das misst, was es messen soll. Die drei wichtigsten Validitätsarten in diesem Zusammenhang sind
- die Inhaltsvalidität,
- die Konstruktvalidität und
- die Vorhersagevalidität.

Inhaltsvalidität

Die *Inhaltsvalidität* bezeichnet im Kontext von Feedbackverfahren die Forderung, dass die jeweils zu erfassenden Kompetenzen durch die einzelnen Items (siehe Abschnitt 4.2) inhaltlich/thematisch hinreichend präzise definiert werden. Die Konstrukt- und auch die Vorhersagevalidität werden über Korrelationskoeffizienten bestimmt. Da diese Validitätsarten für Entscheidungen für oder gegen in die nähere Wahl gezogene 360°-Feedback-Instrumente besonders wichtig sind, sollen sie hier etwas ausführlicher besprochen werden.

Konstruktvalidität

Zur *Konstruktvalidität:* Als Konstrukt bezeichnet man einen nicht direkt beobachtbaren, lediglich über Indikatoren erfassbaren theoretisch fundierten Themenbereich. Als Beispiel möge das in 360°-Feedbacks in verschiedenen Spielarten anzutreffende Konstrukt des *Selbstmanagements* dienen. Diese Fähigkeit, sich selbst unter verschiedenen beruflichen Bedingungen im Sinne der gestellten Aufgaben organisieren und steuern zu können, erschließt sich nicht durch einfaches Beobachten.

Wohl aber lassen sich über ein Feedbackinstrument verschiedene, mehr oder weniger gut beobachtbare Verhaltenselemente einschätzen (z. B. „teilt sich ihre/seine Kräfte so ein, dass sie/er den Aufgaben und sich selbst gerecht wird" oder „handelt im Bewusstsein der eigenen Stärken und Schwächen"). Diese einzelnen Einschätzungen werden anschließend über zumeist einfache Rechenprozeduren zur übergreifenden Kompetenzskala „Selbstmanagement“ zusammengefasst. Die Validierung gilt u.a. dann als erfolgreich, wenn die Ergebnisse, die man mit dieser Skala erhält, mit anderen Messergebnissen zum gleichen Konstrukt (erhoben z.B. mit einem anderen Fragebogen oder anhand entsprechender Beobachtungen) übereinstimmen.

Hinsichtlich der Konstruktvalidität darf man einen vergleichbaren Nachweis z.B. über faktorenanalytische Untersuchungen erwarten, die inhaltlich verschiedene Kompetenzen auch unter verschiedene Faktoren ordnen sollten.

Vorhersage-validität

Zur *Vorhersagevalidität:* Unter der Vorhersagevalidität eines 360°-Feedback-Instruments verstehen wir die Möglichkeit, mithilfe seiner Ergebnisse die zukünftige berufliche Entwicklung einer Fokusperson *vorhersagen* zu können. Die rechnerische Basis hierfür liefern Korrelationen zwischen den einzelnen Kompetenzskalen einerseits und zukünftigen beruflichen (Erfolgs-)Kriterien andererseits, wie etwa der Aufstieg in der Hierarchie, die Zahl der geführten Mitarbeiter, erzielte Umsätze etc. Das heißt, man erhebt zunächst die Daten zum 360°-Feedback und zu einem späteren Zeitpunkt diejenigen zum jeweiligen beruflichen Kriterium. Dabei gilt es nachzuweisen, dass ein Personenkreis, der im Feedback hohe Kompetenzeinschätzungen erhält (gemessen über das Fremdbild) auch tatsächlich entsprechende berufliche Leistungen zeigt. Stünden die Ergebnisse der Kompetenzeinschätzungen in keinem Zusammenhang mit der beruflichen Leistung, wäre ihr Wert sowohl für die Personalentwicklung als auch für weitergehende Personalentscheidungen zweifelhaft.

Faustregel für Vorhersage-validität

Nachweise der Vorhersagevalidität stellen nicht nur im Bereich des 360°-Feedbacks einen neuralgischen Engpass dar. Umso attraktiver sind solche Verfahren einzustufen, für die entsprechende Korrelationsstudien berichtet werden können. Im Sinne einer Faustregel gelten Korrelationen mit $r \geq .30$ als ernstzunehmende Hinweise einer Vorhersagevalidität.

6. Schritt: Präsentation der Ergebnisdarstellung prüfen

Der Ergebnisbericht bereitet die sich aus den Selbst- und Fremdeinschätzungen ergebenden wesentlichen Informationen für die Fokusperson auf. Ohne Anspruch auf Vollständigkeit benennt Tabelle 6 diejenigen Punkte sowie Spezifikationen, die ein Bericht berücksichtigen sollte.

Tabelle 6: Inhalte und Spezifikationen des Ergebnisberichts

Berichtselement	Beschreibung/Funktion
1. Ergebnisse auf Basis der einzelnen Kompetenzen, Fähigkeiten oder Verhaltensbereiche	• Darstellung sowohl grafisch in Form von Profilen oder Säulendiagrammen als auch numerisch • Der Übersichtlichkeit und kommunikativen Wirkung auf den Feedbackgeber wegen sollten Profil-Darstellungen (Liniendiagramme) nicht mehr als drei Beurteiler-Gruppen (z. B. Selbst vs. Vorgesetzte vs. Mitarbeiter) berücksichtigen. • Mittelwerte sollten extra für die verschiedenen Beurteiler-Gruppen im Anhang ausgewiesen werden.
2. Unterschiede Selbst- vs. Fremdeinschätzung	• Es sollten diejenigen Kompetenzen oder Verhaltensbereiche hervorgehoben werden, bei denen weitgehende Übereinstimmung zwischen Selbst- und Fremdeinschätzungen bzw. große Abweichungen bestehen; die größten Übereinstimmungen oder Abweichungen sollten auch für einzelne Items angegeben werden; Übereinstimmungen und Abweichungen werden für die Feedbackgeber-Gruppen getrennt ausgewiesen. • Kompetenzen, bei denen relativ große Abweichungen innerhalb einzelner Feedbackgeber-Gruppen auftreten, sollten gleichfalls markiert und aus einem Coaching- oder Entwicklungsplan zunächst ausgeklammert werden.
3. Stärken-/ Schwächenanalyse	• Wo liegen besondere Stärken? Welche Bereiche sind nach dem Urteil der Feedbackgeber entwicklungsbedürftig?
4. Vergleich mit Normstichproben	• Der Vergleich mit anderen Fokuspersonen liefert eine zusätzliche Orientierungshilfe und kann wichtige Reflexionsprozesse initiieren („Wo stehe ich?“, „Was zeichnet mich anderen gegenüber aus?“ etc.). • Normen können sich auf das Geschlecht, verschiedene Industriezweige und Organisationsformen, auf unterschiedliche Kulturen usw. beziehen. • Die Norm- oder Vergleichsstichprobe sollte im Feedbackmanual beschrieben werden: sind Funktion, Position etc. von Fokusperson und Normstichprobe vergleichbar? • Da auch Kompetenzanforderungen in Unternehmen einem stetigen Wandel ausgesetzt sind, sollten die entsprechenden Normwerte regelmäßig angepasst bzw. auf den neuesten Stand gebracht werden.
5. Anforderungs- und Sollprofile	• Sollprofile bilden die im Unternehmen geforderten Standards ab; es erleichtert den Fokuspersonen die Einordnung ihrer Feedbackergebnisse, wenn sie diese in Relation zu den Anforderungen setzen können. • Um die Rezeption der Ergebnisse nicht unnötig zu erschweren, sollte sich das Anforderungsprofil auf das durchschnittliche Urteil über alle Feedbackgeber beziehen und nicht nach den verschiedenen Gruppen getrennt werden.

Tabelle 6: Fortsetzung

Berichtselement	Beschreibung/Funktion
6. Reliabilitäts-Check der Urteile der Feedbackgeber	Der Bericht sollte ggf. ausweisen, falls • die Feedbackgeber der verschiedenen Gruppen in ihrer Einschätzung in hohem Maße voneinander abweichen (s. o.) bzw. • die Einschätzungen einzelner Feedbackgeber ausgeschlossen werden mussten, weil diese nachprüfbar invaliden Urteilsmustern (z. B. stereotypen Antworttendenzen) folgen oder viele Fragen ausgelassen wurden.

Zusammenfassung: Auswahl von Feedbackverfahren

- *1. Schritt:* Ziele des Feedbacks klären: Soll es primär der Kompetenzentwicklung oder der Leistungsbeurteilung dienen?
- *2. Schritt:* Marktüberblick verschaffen und Kompatibilität mit den eigenen Erfordernissen, Kompetenzmodellen etc. checken.
- *3. Schritt:* Die Feedbackphilosophie prüfen: Welches Modell der Führungskräfteentwicklung liegt dem Feedbackinstrument zugrunde? Ist es hinreichend empirisch überprüft?
- *4. Schritt:* Skalen inspizieren (Qualitäts-Check I): Sind die erfassten Kompetenzen mit den eigenen Anforderungsprofilen kompatibel? Gestatten die Iteminhalte eine hinreichende Beobachtbarkeit des fraglichen Verhaltens?
- *5. Schritt:* Die Gütekriterien des Verfahrens prüfen (Qualitäts-Check II): Werden die Kompetenzdimensionen zuverlässig erfasst (Reliabilität)? Korrespondieren die (Fremd-)Einschätzungen auf diesen Kompetenzdimensionen mit in der Realität prüfbaren Leistungs- oder anderen relevanten Kriterien (Validität)?
- *6. Schritt:* Entspricht die schriftliche Präsentation der Ergebnisdarstellung den geforderten Standards? Werden die Differenzen zwischen Selbst- und Fremdbild akkurat dargestellt? Ist ein Vergleich zur Normstichprobe vorgesehen?

4.2 Exkurs: Steigerung von Informationsgehalt und Akzeptanz der Selbst- und Fremdurteile durch einen erweiterten methodischen Zugang

Fragen als Basis der gängigen 360°-Feedback-Instrumente

Üblicherweise besteht die Aufgabe zur Beurteilung einer Fokusperson für jeden Beurteiler in der Bearbeitung eines längeren Fragebogens. Darin sind als *Items* eine Vielzahl einzelner Fragen bzw. Statements aufgelistet, bei denen jeweils der Grad der Ausprägung bzw. des Zutreffens auf die Fokusperson im sogenannten Likert-Format (siehe Beispiele unten) einzuschätzen ist.

Wie aus der Übersicht der 35 gängigsten 360°-Befragungsinstrumente (Leslie, 2013) zu ersehen ist, sind die Items dieser Instrumente allesamt ausformulierte Statements oder Fragen in Verbindung mit gestuften Ratingskalen, wie die nachfolgenden drei Beispiel-Items zum Faktor „Führungskompetenz" (nach Scherm, 2004) illustrieren:

Beispiel-Items zur Führungskompetenz

Die Fokusperson ...

... setzt Entscheidungen und Beschlüsse konsequent in Ergebnisse um. ① ② ③ ④ ⑤

... geht mit den Fähigkeiten und Grenzen anderer verantwortlich um. ① ② ③ ④ ⑤

... geht bei Schwierigkeiten lösungsorientiert vor, statt Schuldige zu suchen. ① ② ③ ④ ⑤

... etc.

Ein solches Befragungsformat evoziert beim Befragten die Erinnerung von situationsspezifischem Verhalten der Fokusperson, die dann seine Einschätzung (Rating) bei dem in Rede stehenden Item fundiert. Als Situationen werden in der Regel solche thematisiert, die als kritisch (auf Basis empirisch ermittelter *critical incidents* und/oder theoretisch optimaler Vorstellungen über Führung) für den Erfolg einer Führungskraft angesehen werden. Und von solchen kritischen Situationen gibt es im Führungsbereich nicht gerade wenige. Das ist der Grund dafür, dass die Zahl der Items in den diversen 360°-Befragungsinstrumenten oftmals hoch ist und die Mühe einer nicht nur oberflächlichen Beantwortung die Ausfüllzeiten der Beurteiler in die Höhe treiben.

Mit Bezug auf derartige Items (ausformulierte Fragen mit gestuften Antwortmöglichkeiten) ist aber nicht nur die *zeitliche Überforderung* als kritisch zu betrachten, sondern auch die *inhaltliche Begrenztheit*.

Zur *zeitlichen Überforderung*: Die oft hohe Zahl zu beantwortender Items erfordert oft unübersehbar eine zu lange Bearbeitungszeit pro Fragebogen, wodurch nicht wenige Beurteiler nach kurzer Zeit – angesichts der Menge der noch zu bearbeitenden Fragen – die Lust verlieren. Erschwerend kommt hinzu, dass nicht wenige Fremdbeurteiler nicht nur eine einzige Fokusperson zu beurteilen haben, sondern deren mehrere (z. B. ein Vorgesetzter mehrere „Mitarbeiter", die ihrerseits Führungskräfte auf der nächsttieferen hierarchischen Stufe sind, oder eine Fokusperson ihre diversen Kollegen als Fokuspersonen).

Gefahr mangelnder Sorgfalt der Beurteiler

Auch wirkt es für etliche Beurteiler motivationsmindernd, dass nicht jeder jede Frage beantworten kann, weil er angesichts situativer Gegebenheiten dieses oder jenes Verhalten nicht zu beobachten in der Lage war. Beides (zu viele Fragen und teilweise *mangelnde Beurteilbarkeit*) reduziert natürlich die messtheoretische Güte der erhobenen Daten. Und das hat zur Folge, dass die Unterschiede zwischen den Mittelwerten der Beurteiler-Gruppen (Vorgesetzte, Kollegen, Mitarbeiter) innerhalb und zwischen Items bzw. Kompetenzfaktoren zwar nicht nur, aber doch oft genug eher moderat sind (Tendenz zur Mitte und/oder Halo-Effekt = Überstrahlungseffekt; siehe Abschnitt 4.3.1), d. h. nicht selten lediglich in der Spanne einer einzigen Messwertstufe liegen. Dann jedoch kann es im späteren Feedbackgespräch oft schwierig werden, solche nivellierten „Differenzen" der betreffenden Fokusperson als praktisch relevant zu vermitteln (Akzeptanzproblem insbesondere der Fremdurteile).

Zur *inhaltlichen Begrenztheit:* Die Vorgabe kritischer Verhaltenssituationen durch noch so viele Items wird nie vollständig sein können. Gezwungenermaßen müssen wir also immer mit einer begrenzten Zahl auskommen. Gleichwohl: *notwendig* sind deutlich weniger als üblicherweise vorgegeben werden, was einer zeitlichen Überforderung entgegenwirkt. Schließlich müssen wir ja keine umfassende Inventarisierung aller Auslöser von Verhalten eines Managers betreiben, hinreichend ist die Berücksichtigung der im Sinne der gelebten oder angestrebten Unternehmenskultur besonders erfolgsentscheidenden Situationen (Gentry & Leslie, 2007).

Reduktion der inhaltlichen Begrenztheit der Verhaltensinformationen

Glücklicherweise kann die inhaltliche Begrenztheit der durch Statements oder ausformulierte Fragen evozierten Verhaltensinformationen über die Fokusperson mit einer weiteren, ergänzenden Evokationsmethode aufgebrochen und individualisiert werden, d. h. dass wir den Informationsgehalt der Selbst- und Fremdurteile *individuumsspezifisch* erweitern, um so viel wie irgend möglich von der Vielfalt und den Möglichkeiten erfolgsrelevanten Verhaltens eines jeden einzelnen Managers zu erfassen. Das gelingt mit einer Methode, die für jede einzelne Fokusperson individuell *die* relevanten Dinge (idiosynkratisch sozusagen) ans Licht zu holen taugt, die für ihre Entwicklung von besonderem Interesse sein können.

Andere Befragungsmethode: Auswahl von Eigenschaften in Freiwahl

Dazu bevorzugen wir eine Befragungsmethode, die nicht nach Verhalten der Fokusperson in spezifischen Situationen fragt, sondern weitgehend situationsübergreifend nach generelleren *Eigenschaften* (im Sinne von Verhaltensbereitschaften; siehe auch das Fallbeispiel in Abschnitt 5.3). Solche umgangssprachlichen Eigenschaften sind zu Kondensaten geronnene *Verhaltensfacetten*, die über vielerlei Situationen generalisierbar auftreten und stabil über die Zeit sind. Sie geben mit ihrer Wortbezeichnung die Inhalte des gemeinten Verhaltens an, die für den Fremdbeurteiler bei der betrachteten Person hervorstechen, z.B. die (in Rede stehende) Fokusperson ist „fleißig", „vorsichtig", „überzeugend" etc. Solche Worte dienen ja auch im Alltag zur Charakterisierung einer Person. Welche die Beurteiler wählen und wie viele, zeichnet das konturenreiche – oder arme – Bild eines Beurteilten. Damit gewinnen wir eine plastische Charakterisierung einer Person, die mit den üblichen Befragungstechniken nicht ohne weiteres derart differenziert, einfach und schnell zu erreichen ist.

Konkret heißt das für einen Beurteiler, dass er die aus seiner Sicht auf die Fokusperson am ehesten zutreffenden Eigenschaften aus einer wohlausgewählten Liste von ca. 100 Begriffen in freier Wahl ankreuzen soll (siehe Abbildung 7 mit dem Ausriss aus einer Eigenschaftswörter-Checkliste).

Erfahrungsgemäß fällt eine solche Charakterisierung von Fokuspersonen über alltägliche Eigenschaftsbegriffe den Beurteilern besonders leicht und benötigt auch keinen großen Zeitaufwand (ca. 5 bis 10 Minuten). Aus diesen Charakterisierungen lassen sich dann Messwerte auf den Skalen der „Big Five"-Persönlichkeitseigenschaften (Extraversion, Gewissenhaftigkeit, Verträglichkeit etc.) gewinnen (Self-BF, Sarges & Roos, 2008) – und das mit

schöpferisch	☐	zufrieden	☐	respektvoll	☐
tatkräftig	☐	unkonventionell	☐	tüchtig	☐
experimentierfreudig	☐	interessiert	☐	kritikfähig	☐
geduldig	☐	informiert	☐	durchsetzungsfähig	☐

Abbildung 7: Checkliste (Ausschnitt) der 100 Eigenschaftsworte zur Charakterisierung der Fokusperson

dem Vorteil *ipsativer Skalierung*, welche die relative Bedeutung dieser Faktoren für die jeweilige Fokusperson angibt und damit mögliche psychodynamische Prozesse diskutierbar werden lässt (Salgado, Anderson & Tauriz, 2015).

4.3 Fragen und Probleme im Feedbackprozess

Im Zusammenhang mit der Implementierung und Durchführung von Feedbacksystemen und -prozessen können vielfältige Probleme auftreten. Die folgende Darstellung konzentriert sich auf zwei Ursachenbereiche, die immer wieder Anlass zu Fragen und Problemen geben: Erstens die Seite der Implementierung von Feedbackprojekten und zweitens die Seite schwieriger Feedbackempfänger.

4.3.1 Probleme bei der Implementierung

Bei der Implementierung von Feedbacksystemen können sich eine Reihe von Problemen stellen. Diese ergeben sich eher auf der Ebene der Organisation und weniger auf der Ebene einzelner Akteure (vgl. auch Waldman & Atwater, 2001, S. 464ff.):

- Die Philosophie des Feedbacks passt nicht zu dem im Unternehmen praktizierten Anreiz- und Belohnungssystem

Das 360°-Feedback ist im Rahmen von Change-Management-Prozessen (vgl. Stegmaier, 2016) vor allem auch ein Instrument, das Aufschluss über die Qualität von Beziehungen liefert. In der Absicht, diese Beziehungsqualität zu verbessern, dient das Feedback letztlich vor allem auch der Ergebnisverbesserung von Teams.

Belohnt die Anreizkultur Entwicklungsbemühungen?

Wenn die Anreizkultur und ihre entsprechenden Systeme der Vergütung und der Beförderung die damit verbundenen individuellen Anstrengungen nicht belohnt, läuft jede Feedbackstrategie Gefahr, schon in ihrer Planungsphase zu scheitern. Denn es macht unter diesen Bedingungen keinen Unterschied, sich einer womöglich nicht nur gute Nachrichten bereithaltenden, aufwendigen Befragung zu unterziehen. Und viele auch einflussreiche Führungskräfte werden sich dann zu Recht gegen die Implementierung eines Feedbacksystems aussprechen.

- Die Erfahrung mit Change-Programmen ist negativ

In den vergangenen Jahren haben viele Unternehmen ehrgeizige Programme des Total Quality Managements und der Führungskräfteentwicklung zur Verbesserung ihrer Wettbewerbsfähigkeit durchgeführt. Und man darf wohl behaupten, dass diese Initiativen vielerorts durchaus erfolgreich waren.

Wie sind die Erfahrungen mit Change-Programmen?

Dort allerdings, wo die gewünschten Effekte nicht eingetreten sind, hat sich vielfach eine gehörige Portion Skepsis, nicht selten sogar Zynismus all dem gegenüber breitgemacht, was dem Etikett nach „Change ...", „Top Performance ..." oder ähnlich heißt. Dies gilt auch für Management-Audits, bei denen die Beteiligten mehr oder weniger aufwendig befragt wurden, dann jedoch feststellen mussten, dass dem Ganzen keine Konsequenzen folgten. Und nicht wenige Betriebsräte verweigern mittlerweile ihre Zustimmung zu Mitarbeiterbefragungen, da sie erfahren mussten, dass diejenigen Führungskräfte, denen in den vorangegangenen Runden ein wenig wertschätzender Führungsstil attestiert wurde, noch immer am Platz sind - und genau wie immer „regieren". Organisationen haben in dieser Hinsicht ein vergleichsweise gutes Gedächtnis. Man wird unter solchen Bedingungen erwarten dürfen, dass Führungskräfte einer 360°-Feedback-Initiative im Sinne des Watzlawick'schen „mehr vom Selben" begegnen. Um hier Vertrauen in die Ergebnisfähigkeit von Programmen zurückzugewinnen, sind die Verantwortlichen gut beraten, schon in der Planungsphase deutlich zu machen,

- welcher Effekt mit der Implementierung eines Feedbacksystems angestrebt wird und
- welche Entscheidungen davon gegebenenfalls abhängen.

Und sie tun gut daran, diesen Ankündigungen auch Taten folgen zu lassen ...

- Feedbacks werden in Phasen großer Unternehmensveränderungen platziert

Nicht selten kommt es vor, dass Unternehmen Feedbackprojekte planen und durchführen, während sie sich zugleich in einer Phase der Restrukturierung oder des Wandels befinden. Werden Feedbackprojekte mit einschneidenden Veränderungsmaßnahmen, z.B. im Zuge von Fusionen oder Mergers verknüpft, so versprechen sich die Verantwortlichen den Nutzen einer umfassenden Standortbestimmung: Sie möchten Aufschluss über den Leistungsstand ihrer Führungskräfte und darüber erhalten, wer für welche (zukünftigen, schwierigen) Aufgaben am besten geeignet ist *(Management-Audits)*. In diesem Zusammenhang ist mit folgenden Problemen zu rechnen:

Klärung des Effektes von Feedbackprojekten auf die Personalpolitik

- Da die potenziellen *Feedbackempfänger* mit Aufgaben und Schwierigkeiten des Veränderungsprozesses ohnehin stark beansprucht sind, empfinden viele von ihnen die Einführung eines 360°-Feedbacks als zusätzliche

Belastung und gegebenenfalls als Bedrohung. Zudem ist ihre Stimmung meist von großer Unsicherheit geprägt. Nicht wenige tragen sich womöglich mit dem Gedanken, in ein anderes Unternehmen zu wechseln. Es empfiehlt sich daher seitens der Personalverantwortlichen, möglichst klar zu kommunizieren, welchen Einfluss die Feedbackergebnisse auf die künftige Personalpolitik haben werden. Dies setzt entsprechende klare Vorgaben der Geschäftsleitung voraus. Zudem sollte jede Fokusperson unbedingt darüber informiert werden, welche Unterstützungsmaßnahmen das Unternehmen für eine nachhaltige Kompetenzentwicklung vorhält.

- Ein erheblicher Prozentsatz der *Feedbackgeber* ihrerseits verhält sich bei der Vergabe ihrer Feedbackurteile defensiv, weil sie um die Bedeutung des Feedbacks wissen und „niemandem schaden" wollen. Vorsichtige Schätzungen gehen dahin anzunehmen, dass rund ein Drittel der Feedbackgeber ihre Einschätzungen am Bedrohungscharakter des Feedbacks ausrichten und entsprechend milde urteilen (London & Smither, 1995). Um dem Missstand wenig valider Urteile vorzubeugen, bieten sich Rater-Trainings an, die beispielsweise der Gefahr von Milde und sogenannten Überstrahlungseffekten (Tendenz, das Vorliegen einer hohen oder niedrigen Ausprägung eines Merkmals ungeprüft auch auf andere Merkmale zu übertragen) bei der Beurteilung entgegentreten.

Beurteiler trainieren

- Es stehen administrative Hürden entgegen

Die Einführung eines Feedbacksystems erfordert die Bereitstellung umfangreicher Ressourcen und Kapazitäten. Sowohl der *Personal-* als auch der *Zeitbedarf* werden in den Unternehmen kritisch gesehen:

Administrative Hürden

- „Der Personalbedarf übersteigt die Kapazitäten": Für den Prozess der gesamten Projektabwicklung bedarf es einer Stelle im Personalmanagement, die über einen relativ langen Zeitraum zeitlich stark gebunden wird.
- „Der Zeitbedarf überfordert die Beteiligten": In der Phase der Feedbackerhebung sind besonders die Feedbackgeber, in der Phase der Rückmeldung und danach besonders die Feedbacknehmer gefordert. Den Zeitbedarf für die Feedbackerhebung illustriert das folgende kleine Rechenbeispiel: Ausgehend von einem Zeitbedarf von 20 Minuten für das Ausfüllen eines Feedbackfragebogens und 10 Feedbacks (1 Selbstbild, 2 Vorgesetzte, 3 Kollegen, 4 Mitarbeiter) ergibt sich bei insgesamt 50 Fokuspersonen ein Zeitansatz von gesamt rund 17 Arbeitstagen (von jeweils 10 Stunden). Aus dieser Rechnung wird auch deutlich, wie wichtig es ist, ein kompaktes und zeitschonendes Feedbackverfahren zu wählen (*Empfehlung*: nicht mehr als 16 Kompetenzdimensionen und insgesamt 60 bis 80 Items; siehe auch Abschnitt 4.2). Der Zeitansatz je Fokusperson beträgt ca. 1 bis 1,5 Tage (2 Stunden Kick-off-Workshop, 20 Minuten Feedbackversion „Selbstbild" ausfüllen, 1 Rückmeldesitzung à 2 Stunden, evtl. 2 Stun-

den Ergebnisdiskussion mit den Feedbackgebern sowie innerhalb eines halben Jahres 2 nachfolgende Coachings à 2 Stunden).

Ressourcenbedarf

- „Die vorhandenen Hardware-Ressourcen reichen nicht aus“: Bei einer (eher selten anzutreffenden) Papier-Bleistift-Administration des Feedbackprojekts ist mit erheblichem Postumfang zu rechnen (ein- und ausgehende Feedbackbögen). Bei einem Online-Feedback fallen erhebliche Kosten für Anschaffung und Pflege der Software-Systeme an.

4.3.2 Schwierige Feedbackkonstellationen und -empfänger

Die überwiegende Mehrzahl der Feedbackempfänger ist an ihren Feedbackergebnissen interessiert bis neugierig und zeigt eine grundsätzliche Veränderungsbereitschaft. Für die kleine Gruppe wenig aufgeschlossener Feedbackempfänger bestehen verschiedene Sorgen, Befürchtungen oder Gründe:

- Feedback als Einladung oder Zumutung

Einwände gegen Feedbackprojekte

Stahl (2009) hat Feedback in seiner sehr gelungenen, praxisnahen Abhandlung kommunikationspsychologisch betrachtet. Feedback kann demzufolge mindestens in zweierlei Weisen aufgenommen werden (S. 109 f.): Zum einen als *Einladung* zum Kontakt, bei der ich den Empfänger meines Feedbacks als wichtigen Partner sehe und ihr oder ihm meine Sicht der Dinge übermitteln möchte. Insofern hat Feedback einen deutlich beziehungsorientierten Charakter und die Einladung zum Kontakt stellt sicher eine positive Ausgangsbedingung dar. Zum anderen als *Zumutung*, weil ich sie oder ihn mit meinem Urteil störe oder gar belästige. Hierbei steht Feedback im Zusammenhang mit Unsicherheit und Angst. Der Feedbackempfänger, der ängstlich oder unsicher ist, wird sich eher defensiv verhalten und die damit assoziierten Botschaften als wenig zuträglich auffassen.

Feedback zwischen Einladung und Widerstand

Mit Feedback Entwicklung anzustoßen, kann folglich dann schwierig werden, wenn im Gegenüber *Widerstand* mobilisiert wird. Oft äußert sich der Widerstand in einem diffusen Gefühl der Ablehnung, und nicht selten gewinnen wir als Coaches den Eindruck, den Klienten nicht erreichen zu können und kleiden diesen Eindruck in Äußerungen wie sie oder er „macht dicht“ oder „wehrt ab“. Um die verschiedenen Formen des Widerstands noch greifbarer und plastisch zu machen, wählt Stahl das Bild der inneren „Wächter“, die häufig dann geweckt werden, wenn Feedback weniger als Einladung zum Kontakt, denn als Zumutung und bedrohlich wahrgenommen wird. Stahl (2009, S. 110 ff.) unterscheidet drei Wächter, diese stehen für zentrale persönlichkeitsbezogene Konstrukte, über die sich Menschen allgemein definieren. Als da sind:

Wächter der Autonomie

1) Wächter der Autonomie. Die Grundannahme besteht darin, dass alle Menschen einen inneren Raum von Identität und Selbständigkeit beanspruchen und diesen mehr oder weniger aktiv verteidigen (selbstredend mag es durchaus Unterschiede geben, wie sehr wir uns im Anspruch nach Autonomie unterscheiden). Wann tritt dieser Wächter auf den Plan: „Er wird wach, sobald sich jemand ungefragt zum Beurteiler meiner Person aufschwingt und ich mich überrumpelt fühle" (S. 111). Das Thema der Autonomie ist gerade im Management- und Führungskräftebereich wichtig und wird verknüpft mit Themen wie Verantwortung und Verantwortlichkeit und folglich auch mit Einfluss und Macht. Führungskräfte, selbst wenn sie nach außen an das Wir-Gefühl appellieren, verhalten sich oft sehr territorial und definieren sich sinnbildlich über die Größe ihres „Gebietes".

Um ein offenes Klima zu fördern, schlägt Stahl vor, den Wächter zu beschwichtigen, indem ich bei neuralgischen Themen offen um Erlaubnis frage, ob ich diese mit dem Klienten besprechen darf (siehe seine Vorschläge auf S. 112). So kann der Klient selbst entscheiden, inwieweit und auch wie lange sein innerer Raum von mir betreten werden darf. Auf das innere Bedürfnis meines Klienten entsprechend einzugehen, hat einen stärkenden Einfluss auf die Beratungsbeziehung und macht sie tragfähiger. Tritt der Wächter der Autonomie wenig oder nicht auf den Plan, dann erleben wir im Feedback eine aufgeschlossene Person. Ist der Wächter dagegen sehr aktiv, wird sie für sich aller Wahrscheinlichkeit nach keine kreativen Entwicklungsoptionen ins Auge fassen wollen.

Wächter des Selbstbildes

2) Wächter des Selbstbildes. Die meisten Menschen haben ein Bild von sich, wer sie sind, d.h. durch welche Eigenschaften sie gekennzeichnet sind, und über welche Fähigkeiten und Kompetenzen sie verfügen. Gerade dieses Selbstbild wird im 360°-Feedback auf die Probe gestellt und mit der Sicht der Umgebung abgeglichen. Der Wächter des Selbstbildes achtet darauf, dass die Sicht auf die „Zutaten der Identität" nicht zu sehr hinterfragt wird. Dass es nicht so einfach ist, mit sich selbst kritisch umzugehen, darauf hat u.a. Ernst Bloch (1977, S. 46) hingewiesen: „Gehe in dich, das ist leicht gesagt. Doch es zu tun, ist schon deshalb schwerer, weil da wenig Auslauf ist". Wenn es also gerade in der Konzeptlogik des 360°-Feedbacks liegt, das Selbstbild der Fokusperson zu hinterfragen, sollten wir dabei umso behutsamer vorgehen.

Um den Wächter des Selbstbildes gnädig zu stimmen, empfiehlt Stahl, die Neugier des Feedbackempfängers anzusprechen. Neugier ist nach seiner Auffassung eine gute Voraussetzung dafür, das destabilisierende Risiko von Feedback in Kauf zu nehmen, um etwas Neues für sich in Erfahrung zu bringen

(S. 114). Dies dürfte dann umso leichter fallen, wenn wir es mit Personen zu tun haben, die ohnehin offen sind für Lernerfahrungen. Sind dagegen die Feedbackbotschaften für das Selbstbild zu bedrohlich, dann stellt sich Verunsicherung ein (S. 115). Im Feedbackgespräch artikulieren Klienten die Verunsicherung beispielsweise mit Äußerungen wie „so sehe ich mich eigentlich gar nicht" oder „ich fühle mich mit dem Feedback falsch verstanden".

Unsere langjährigen eigenen Erfahrungen zeigen gleichwohl, dass ein wohldosiertes Maß an Irritation und entsprechend leichter Verunsicherung nicht per se kontraproduktiv sein muss. Im Gegenteil ist es sinnvoll, in der gemeinsamen Arbeit mit dem Klienten die richtige Dosis dabei zu finden, sein Selbstbild mit dem Fremdbild abzugleichen. Und hierbei empfiehlt es sich, sich individuell auf den Klienten einzustellen und weniger ein vorgestanztes Repertoire an Sätzen zur Anwendung zu bringen.

Wächter des Selbstwerts

3) Wächter des Selbstwerts. Menschen haben ein mehr oder weniger stark ausgeprägtes Bedürfnis danach, sich selbst positiv zu sehen. Sie filtern die von außen an sie herangetragenen Botschaften dahingehend, ob sie eher anerkennend und respektvoll aufzufassen sind oder abwertend und kränkend. Der Wächter des Selbstwerts achtet darauf, dass überwiegend nur solche Einschätzungen oder Gedanken in unser Inneres gelangen, die uns positiv gewogen sind. Keinen Zutritt sollen hingegen solche erhalten, die bedrohlich wirken oder gar als Angriff aufgefasst werden müssen (S. 118ff.). Der Wächter filtert gleichsam wertschätzend gemeinte oder auch angemessen kritische, respektvolle Botschaften von solchen, die uns potenziell Schmerz zufügen und abgewehrt werden.

Kränkungen vermeiden – Chancen ermöglichen

Im Sinne von Stahl gilt es also, Feedback so in das innere Team einer Fokusperson zu platzieren, dass sie weder beschämt noch gekränkt wird. Im Sinne der *Entwicklungschance* darf mit dem Feedback eine Einladung zur Veränderung ausgesprochen werden. Diese Betrachtung ist grundsätzlich positiver getönt als jene, die lediglich Kränkung und Abwehr zu vermeiden versucht. Nach unseren praktischen Erfahrungen ist ein hohes Maß an Fingerspitzengefühl nötig, um die Balance zwischen impulsstiftenden, verändernden Botschaften einerseits und bedrohlichen andererseits zu wahren.

Empfindet die Fokusperson die Hinweise aus dem 360°-Feedback erst einmal als selbstwertkränkend, wird es sehr schwierig sein, sie für noch so gut gemeinte entwickelnde Botschaften zu öffnen. Unsere Beobachtungen gehen dahin, dass sie sich in der Folge nämlich damit beschäftigt, die Selbstwertschädigung zu verarbeiten, dabei kann sie sich zum einen merklich in sich selbst zurückziehen und aus dem gemeinsamen Dialog aussteigen. Zum anderen – als ebenso wenig förderliche Reaktion – kann sie sich aktiv *zur Wehr setzen*. Dies geschieht zum Beispiel dadurch, dass sie den Feedback-Coach als Überbringer der schlechten Nachrichten aktiv oder auch subtil kritisiert oder gar attackiert. Aussagen, die den Coach im Gespräch aufmerksam werden lassen sollten, sind etwa solche wie „Das finde ich jetzt nicht gut, finden Sie nicht, dass Ihre Hinweise zu weit gehen?“ oder „Das wird mir hier viel zu spekulativ, das, was sie mir da sagen, passt eigentlich gar nicht zu mir!“.

- Defensive und aggressive Feedbackempfänger

Defensive Feedbackempfänger zeichnen sich u.a. durch folgende Merkmale aus: Sie ...

- orientieren sich in ihrem Menschenbild oder ihrem Selbstkonzept an Dingen, konkreten Sachverhalten und Fakten. Für sie zählt ganz überwiegend die Leistung und das Ergebnis, die sie selbst oder ihr Verantwortungsbereich erbringen. Häufig hört sich das im Gespräch etwa so an: „Wertschätzung und Feedback sind zwar gut und schön, aber unser Wettbewerb wird nach anderen Kriterien entschieden“ oder „Mit dem Psychokram hat noch keiner von uns neue Kunden reingeholt“.
- waren gegen die Einführung des Feedbacks, konnten sich aber mit ihrer Auffassung nicht durchsetzen („Das ist die Party von Herrn XY, nicht meine“).
- fühlen sich zeitlich überlastet, sodass ihnen die Einführung des Feedbacks ungelegen kommt („Wo soll ich die dafür nötige Zeit hernehmen?“).
- halten den Zeitpunkt für ungünstig, weil das Klima in ihrem Arbeitsbereich massiv beeinträchtigt ist oder weil sie sich mitten in einer Umstrukturierungsphase befinden („Wissen Sie, wir kämpfen hier mit ganz anderen Dingen!“).

Abwehrmechanismus des defensiven Typs

Unabhängig von diesen Gründen gestalten sich Feedbackgespräche oft genug problematisch, weil man es mit schwierigen Persönlichkeiten zu tun hat.

Defensive Feedbackempfänger dieses Typs zeigen sich im Feedbackgespräch zurückhaltend bis schweigsam, nehmen wenig Kontakt zum Feedback-Coach auf und zeigen sich emotional eher spröde bis gehemmt. Ihr bevorzugter Interaktionsstil ist der des „moving away from others“, d.h. des „Sich-von-anderen-Entfernens“ und „Auf-sich-selbst-Beziehens“ (Horney zit. nach Frager, 1994, S. 99ff.). Defensive Personen neigen zur Unterschätzung ihrer Kompetenzen. Sie werden jedoch von anderen auch nicht sehr hoch eingeschätzt, weil sie auf diese wenig zugänglich wirken und dieses Merkmal die Kompetenzurteile oft insgesamt negativ überstrahlt.

Sie stehen Feedbackprozessen mit einer großen Portion Skepsis gegenüber und sorgen diesbezüglich im Unternehmen eher für ein negatives Marketing. Angesprochen auf Unterschiede zwischen ihrem Selbstbild und dem Bild, das andere sich von ihnen gemacht haben, verhalten sie sich eher abwehrend. Auf die Frage beispielsweise, wie sie sich die Unterschiede zwischen Selbst-

und Fremdbild erklären, erhält man häufig eine Antwort wie diese: „Ich will da nicht groß mutmaßen. Da müssen Sie meine Kollegen schon selbst fragen."

Bevorzugter Abwehrmechanismus: Der defensive Typ neigt dazu, eigene emotionale Anteile entweder nicht verorten zu können oder zu leugnen. Sein bevorzugter Abwehrmechanismus zur Aufrechterhaltung der eigenen Selbstwertschätzung ist die *Rationalisierung.* Er sucht und findet logische Erklärungen für Ereignisse, die bei anderen v. a. gefühlsbetonte Reaktionen hervorrufen. Konflikte mit Mitarbeitern und Kollegen werden auf einer Sachebene initiiert und ausgetragen, nicht jedoch auf der zwischenmenschlichen.

Copingstrategie

Copingstrategie: Der Umgang mit defensiven Personen im Feedbackgespräch ist schwierig, weil der Coach nicht abschätzen kann, inwieweit die Feedbackergebnisse den Empfänger auch tatsächlich erreichen. Um den Kontakt zum Feedbackempfänger zu verbessern, ist es vorteilhaft, den Gesprächsfluss zu verbessern. Dies lässt sich u. a. dadurch erreichen, dass der Coach offene Fragen stellt, z. B.: „Wie stellt sich das Verhältnis zu Ihren Kollegen aus Ihrer Warte dar?" Gelegentlich wird man jedoch auch feststellen, dass eine defensive Person stärker auf Signale der Bedrohung als auf Anregungen zur Selbsteinsicht reagiert. Schneidet sie beispielsweise auf der Dimension „Zusammenarbeit und Kooperation" schlecht ab, so mag folgender Hinweis in Frageform extrinsisch motivieren: „Was würden Sie als Vorgesetzter tun, wenn Sie den Eindruck hätten, dass sich eine Ihrer Führungskräfte nur mit halber Kraft für die gemeinsamen Ziele einsetzt?"

Aggressiv wirkende Feedbackempfänger (vgl. auch Oldham & Morris, 1995, S. 345 ff.) zeigen sich in der Regel selbstbewusst und angstfrei. Kontaktorientiert und energiereich, wirken sie jedoch durch ihre vehemente und konfrontative Art im Verhältnis auf andere eher unverträglich. Ihr bevorzugter Interaktionsstil ist der „against others", d. h. des „Sich-in-Konkurrenz-Begebens" verbunden mit dem Bedürfnis, über anderen zu stehen bzw. diese zu kontrollieren (Horney zit. nach Frager, 1994, S. 96 ff.). Sie sind erfolgsorientiert und beurteilen Situationen wie Personen tendenziell nach Nützlichkeitserwägungen.

Auch im Feedbackgespräch sind sie offensiv und stellen ihren Gesprächspartner gern mit unangenehmen Fragen oder provozierenden Urteilen auf die Probe. Sie treten dominant auf, versuchen den Gesprächsverlauf in ihrem Sinne zu beeinflussen und signalisieren dabei beständig ihren Anspruch, als „Alpha-Tier" wahrgenommen zu werden. Sie sind schwierig, weil sie zum einen die Kompetenz des Feedback-Coachs infrage stellen und zum anderen dazu neigen, die Einschätzungen ihrer Umgebung herabzuwürdigen. Häufig finden sich unter ihnen Personen, die ihre Kompetenzen überschätzen. Dies zeigt sich vor allem auf Kompetenzdimensionen, die den Umgang mit anderen oder weiche Kompetenzen wie „Freundlichkeit" oder „Einfühlungsvermögen" betreffen, bei denen sie im Urteil ihrer Umgebung meist niedrige Werte erhalten. Sich gegen Deutungsmuster sperrend, die nicht ihren Vorstellungen entsprechen, negieren sie zunächst den Wert des Feedbacks.

Abwehrmechanismus des aggressiven Typs

Bevorzugter Abwehrmechanismus: Der aggressive Typ neigt in der Regel unwillentlich dazu, der vermeintlichen Bedrohung des eigenen Selbstkonzepts durch einen entsprechenden Gegenangriff zu begegnen. Auf der Seite der Psychodynamik dient dieser Mechanismus dazu, für sich selbst ein Gefühl der Kontrolle über die Situation und vermeintliche Gegner aufrechtzuerhalten. Erster Adressat eines Gegenangriffs ist zunächst die oder der Feedback-Coach (womöglich als Überbringer schlechter Nachrichten), im Weiteren sind dies die Feedbackgeber. Im Feedbackgespräch wird man dementsprechend feststellen können, dass sie widrigen Umständen oder schlicht den „Anderen" die Schuld für niedrige Einschätzungen geben („externale Attribution"). Insofern zeigen sich hier Überschneidungen zum defensiven Typ.

Copingstrategie

Copingstrategie: Im Umgang mit aggressiven Personen sollten Sie einige Regeln beherzigen:
1. Regel: Halten Sie sich unbedingt an das zuvor vereinbarte Prozedere, um keine eigene Angriffsfläche zu bieten.
2. Regel: Sie sollten während der Präsentation der Feedbackergebnisse vermeiden, dass bei Ihrem Gegenüber der Eindruck entsteht, sie oder er könne sein Gesicht verlieren (siehe oben, die Wächter-Thematik). Einen Gesichtsverlust im Sinne einer selbstwertstörenden narzisstischen Kränkung, etwa verursacht durch den Eindruck einer Selbstüberschätzung auf wichtigen Kompetenzdimensionen, würde die Person nicht nur Ihnen als Coach ungern verzeihen, sondern dies würde auch ihre Veränderungsmotivation blockieren.

Wenn Sie ihren bzw. seinen Veränderungswunsch zusätzlich stimulieren wollen, appellieren Sie besser an den Verstand (und nicht an die Emotionen), denn sie bzw. er denkt zuerst an Aufgaben (und erst in zweiter Linie an die eigenen Gefühle oder die anderer – ohne dass dies als besonderer Ausdruck von Rohheit zu gelten hätte). Ist sie oder er jemand, die/der bei anderen durch ihre/seine forsche, drängende Art Reaktanz und Motivationsverluste sät, so versuchen Sie sie oder ihn davon zu überzeugen, dass es vorteilhafter ist, die anderen pfleglich zu behandeln, d.h. ihnen hin und wieder die „lange Leine" zu lassen.

5 Fallbeispiele

Die folgenden drei Fallbeispiele dienen der Veranschaulichung möglicher Feedbackkonstellationen und einem für die Praxis der Entwicklung förderlichen Umgang damit. Die Konstellationen stützen sich dramaturgisch auf typische Feedbacksituationen und -ergebnisse aus der Praxis, bilden jedoch keinen realen Einzelfall ab. Die dargestellten Kompetenzprofile reflektieren vorfindliche Muster (z. B. Konstellationen der Überschätzung und der Unterschätzung), anhand deren wir Überlegungen anstellen, wie die Situation der betreffenden Person konstruktiv gedeutet werden kann, um dann Hinweise für mögliche Entwicklungsoptionen zu geben. Die Behandlung der Fallbeispiele ist jeweils in drei Teile gegliedert: in

1. die Beschreibung der vorfindlichen *Feedbackkonstellation*;
2. die *Interpretation* der Ergebnisse (hierbei wird der Arbeitskontext und natürlich auch die Sicht der betreffenden Person einbezogen)
3. eine kurze Skizze der möglichen *Entwicklungsoptionen*.

Gängige Ergebnislagen im Feedback

Bevor wir näher auf die vorliegenden Fälle eingehen, wollen wir kurz auf eine *Praxiserfahrung* eingehen. Diese bezieht sich überwiegend auf mittelständische und große (auch international aufgestellte) Unternehmen im deutschen Sprachraum. Im Zusammenhang mit dem Aggregieren von Feedbackwerten ist es wichtig darauf hinzuweisen, dass zu (Meta-)Kompetenzen aggregierte Werte im Sinne einer groben normorientierten Daumenregelung ganz überwiegend oberhalb der mittleren Skalenposition „3“ (auf einer Skala von „1“ bis „5“) angesiedelt sind. Das heißt, die Ergebnislagen beschränken sich auf das Intervall zwischen „3“ und „5“ (diese Lage würde sich bei einer Spreizung der Feedbackskala z. B. von „1“ bis „7“ vermutlich ebenfalls einstellen, auch hier dürften sich die Kompetenz-Mittelwerte oberhalb der mittleren „4“ ansiedeln).

Allerdings lässt sich kein genereller Effekt eines „range restriction“ beobachten, da die Feedbackurteile trotz eingeschränkter Skalennutzung mit ausreichend Streuung versehen sind. Gehobene Kompetenzwerte liegen im Intervall zwischen den Werten „4“ und „5“, seltener kommt es zu Ergebnissen unterhalb von „3“. Im Allgemeinen, so unsere Erfahrung, neigen die Feedbackgeber auch bei eher kritischen Eindrücken zu milden Feedbacks. Zwar kommt es bei einzelnen Items durchaus zu skeptischen Einschätzungen, die Durchschnittswerte fallen jedoch so aus, dass selbst als schwach kompetent wahrgenommene Fokuspersonen noch mit Werten im Bereich um den mittleren Skalenwert „3“ rechnen können.

Konsensorientierung im Feedbackurteil

Dieser Äußerung von Wahrnehmung im Sinne eines gegenseitigen Versuchs der Gesichtswahrung steht eine vergleichbare Haltung von hochkompetentem Verhalten gegenüber. Werden Führungskräfte von ihrer Umgebung (z. B. von Mitarbeiterinnen und Mitarbeitern sowie von Kolleginnen und Kollegen) als High Performer wahrgenommen, dann spiegelt sich dies zwar in hohen Urteilen wider. Selten jedoch drücken sich diese Wahrnehmungen in Mittelwerten nahe dem höchsten Skalenwert aus. Die Ergebnisse liegen überschlägig dann im Bereich von 4.5, nur selten liegen die Einschätzungen noch darüber oder gar bei dem Skalenhöchstwert „5". Auf der einen Seite werden schwache Kompetenzeindrücke also durch hinsichtlich der Validität geminderte zu milde Ratings ausgedrückt, auf der anderen Seite werden starke Kompetenzeindrücke eher abgeschwächt. Allerdings lässt sich übergreifend vermuten, dass diese Tendenzen Ausdruck des Versuchs der beteiligten Akteure sind, in ansonsten stark wettbewerbsorientierten Kontexten den sozialen Zusammenhalt zu wahren, oder anders ausgedrückt: der Versuch, den allgemeinen Konsens und die Kohäsion untereinander nicht nachhaltig zu stören. Wenig kompetente Personen sollen nicht ausgeschlossen und entmutigt werden, hochkompetente mögen sich bitteschön nicht zu sehr nach oben von den anderen entfernen.

5.1 Abteilungsleiter Marketing eines Konsumgüter-Unternehmens

Das Feedback für den nachfolgend dargestellten (fiktiven) Fall bezieht sich auf die Person eines Abteilungsleiters für Marketing (im Folgenden „Herr Market"). Herr Market möge 46 Jahre alt sein, die Position, die er im Unternehmen bekleidet, ist die dritte Station in seiner beruflichen Karriere und zugleich die erste in der Rolle des Abteilungsleiters. Das in Abbildung 8 dargestellte Profil basiert auf Feedbackurteilen mit dem Inventar *!Response 360°-Feedback* (Scherm & de Jonge, 2016). Das Profil zeigt die Ergebnisse für die vier !Response-Metakompetenzen „Führen", „Unternehmerisch Handeln", „Ergebnisse erzielen" und „Mentale Fitness". Diese stützen sich auf insgesamt 11 Einzelkompetenzen.

- Beschreibung der Feedbackkonstellation

Herr Market attestiert sich *selbst* auf den Metakompetenzen allenfalls mittlere bis eher wenig ausgeprägte Fähigkeiten. Er beschreibt sich selbst als mäßig führungs- und unternehmerisch kompetent. Etwas positiver sieht er demgegenüber seine Fähigkeit, Ergebnisse zu erzielen und auch seine mentale Fitness (als Zweiklang aus lösungsorientierter Agilität und innerer Stabilität). Als entwicklungsbedürftig aus Sicht der *Selbsteinschätzung* tritt demnach zunächst die Führungskompetenz hervor.

Selbst-Fremdvergleich für Metakompetenzen. Schauen wir uns nun die *Fremdeinschätzungen* an, so fallen unmittelbar die durchwegs höheren Einschätzungen der Vorgesetzten sowie der Kolleginnen und Kollegen auf. Im Bereich des unternehmerischen Handelns und der mentalen Fitness sind die Mitarbeiterurteile ebenfalls positiver als die Selbsteinschätzungen von Herrn Market, im Bereich „Führen" teilen sie allerdings seine kritische Sicht der

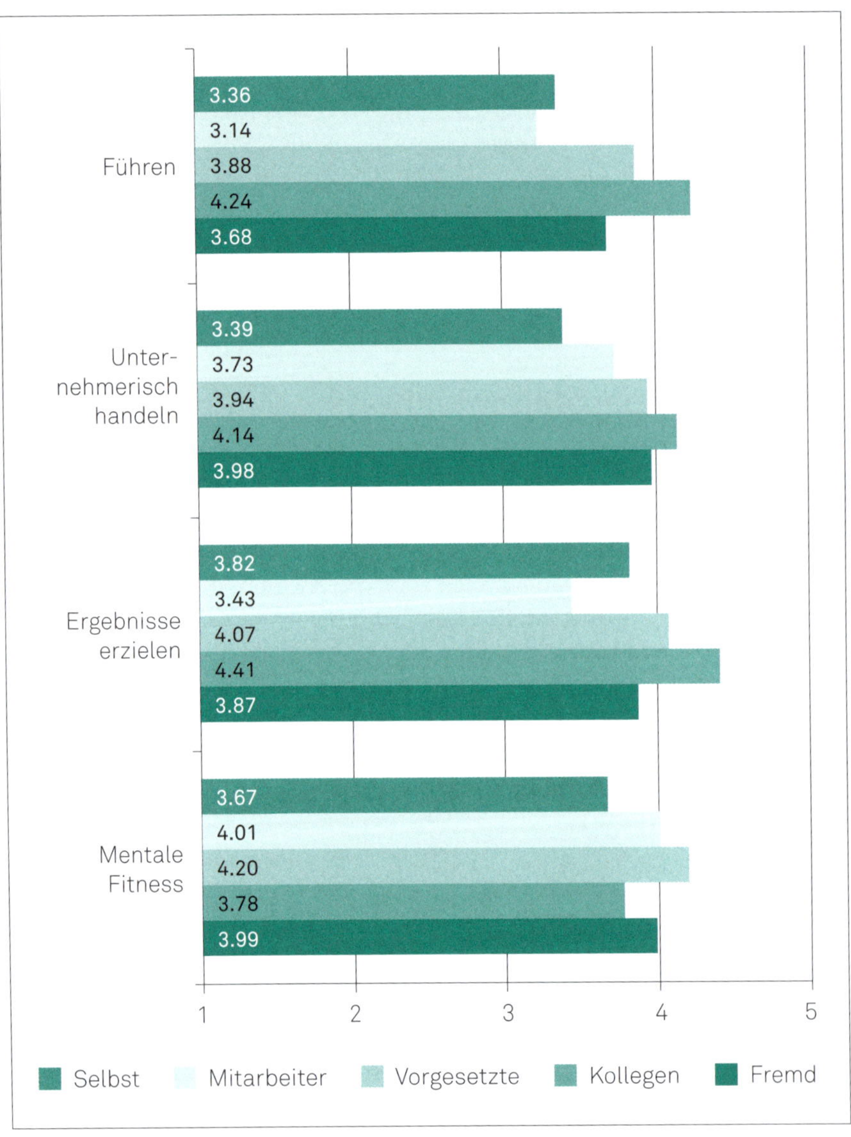

Abbildung 8: Fallbeispiel Abteilungsleiter Marketing – Ergebnisse Metakompetenzen

Situation. Deutlich negativer beurteilen die Mitarbeiterinnen und Mitarbeiter seine Leistung für die Metakompetenz „Ergebnisse erzielen". In der Tendenz zeigt sich das Bild einer sich unterschätzenden Führungskraft: Aus der Sicht seiner Umgebung verfügt er in fast allen Bereichen über höhere Kompetenzen als er sich selbst zuschreibt.

Fallbeispiel eines Unterschätzers

Vorgesetztenseitig werden Herrn Market im Vergleich zu dessen Selbsteinschätzung deutlich höhere Führungswerte attestiert, ebenso höhere Werte in den Bereichen „Unternehmerisch Handeln" und „Mentale Fitness".

Kollegenseitig schneidet Herr Market vor allem im Bereich „Führen" und „Ergebnisse erzielen" gut ab. In den ersten drei Bereichen übersteigt das Kollegenurteil die Einschätzung der Vorgesetzten z. T. deutlich.

Selbst- und Fremdeinschätzung im Vergleich

Selbst-Fremdvergleich für Einzelkompetenzen. Betrachten wir nun den Eindruck der *Unterschätzung* genauer, so lohnt ein Blick auf ausgewählte Einzelkompetenzen des Bereichs „Unternehmerisch Handeln". Wir wählen die Kompetenzen „Ehrgeiz und Drive" sowie „Vision und Strategie entwickeln". Für beide Bereiche zeigt sich das bereits für die Metakompetenzen festgestellte Bild der Unterschätzung. Hinsichtlich der Kompetenz „Ehrgeiz und Drive" (siehe Abbildung 9) liegen alle Fremdperspektiven über der Selbsteinschätzung von Herrn Market, seine Umgebung sieht ihn demnach ehrgeiziger, drängender und antriebsstärker als er sich selbst (wenngleich ein Fremdeinschätzungswert im Bereich von 3.8 im normativen Vergleich zu anderen Führungskräften allenfalls als durchschnittlicher Kompetenzeindruck zu betrachten ist!).

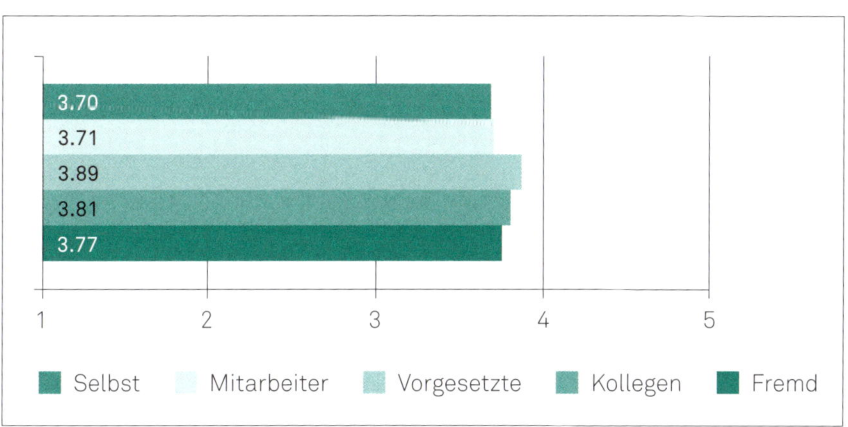

Abbildung 9: Fallbeispiel Abteilungsleiter Marketing – Ergebnisse Dimension „Ehrgeiz und Drivc"

Bedeutung der Strategie-Kompetenz

Ein ähnliches Bild zeigt sich für die Kompetenz „Vision und Strategie entwickeln" (siehe Abbildung 10). Die Kompetenz beinhaltet Facetten, die die kreative Weiterentwicklung des eigenen Verantwortungsbereichs betreffen. Sie ist auf zukünftiges, erfolgreiches Handeln ausgerichtet und umfasst auch die Fähigkeit, den Weg zum Erreichen des Zukunftsbildes mit Handlungspunkten konkret zu beschreiben. Dabei ist der Kontext des Unternehmens bzw. der Organisation einschließlich der sich abzeichnenden Kundenbedarfe, der Marktlage und natürlich auch der Wettbewerbssituation zu betrachten, mit anderen Worten - Visionen brauchen als begleitende „Schwestertugend" (im Sinne des Wertequadrats; Schulz v. Thun, 1995, S. 38) die Fähigkeit zur strategischen Umsetzung. (Auch eine Praxiserfahrung: Es gibt leidlich viele Führungskräfte, die einen konstruktiven Blick in die Zukunft zu werfen in der Lage sind, davon sind aber deutlich weniger in der Lage, zusätzlich die Um- und Durchsetzung realistisch zu betreiben.) Alle Fremdperspektiven der Fokusperson zeigen ein im Vergleich zur Selbsteinschätzung deutlich höheres Kompetenzurteil.

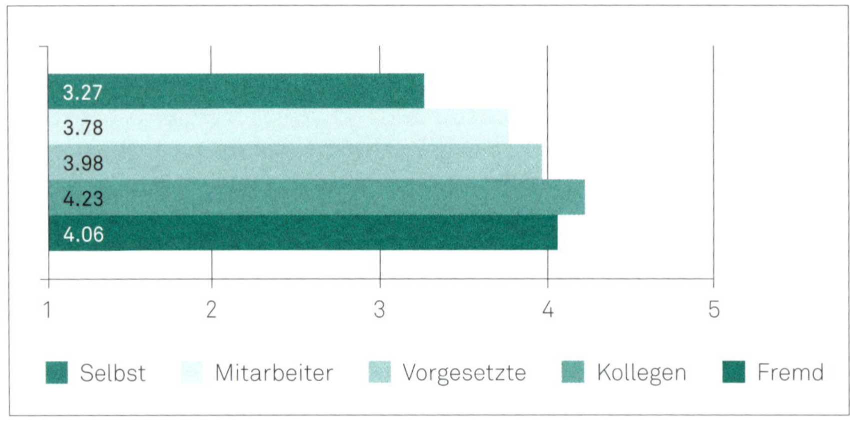

Abbildung 10: Fallbeispiel Abteilungsleiter Marketing – Ergebnisse Dimension „Vision und Strategie entwickeln"

Das gleiche Bild zeigt sich, wenn es um die Agilität von Herrn Market geht, auch hier wird er deutlich positiver gesehen, als er sich selbst sieht. Agilität als Unterdimension der Metadimension „Mentale Fitness" umfasst hier u. a. Facetten der generalisierten Lernkompetenz, des erfolgreichen Umgangs mit komplexen Problemlagen und der aktiven Suche nach Feedback. Der Unterschied zwischen der Selbst- und den Fremdeinschätzungen fällt nicht so groß aus wie im Bereich „Vision und Strategie entwickeln", ist allerdings immer noch beachtenswert (siehe Abbildung 11).

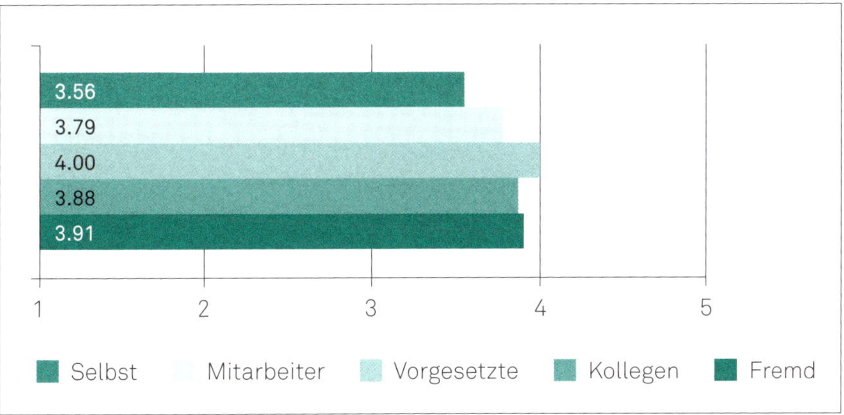

Abbildung 11: Fallbeispiel Abteilungsleiter Marketing – Ergebnisse Dimension „Agil sein"

- Interpretation

Im Feedbackgespräch beschreibt sich Herr Market grundsätzlich als eine ambitionierte und ungeduldige Führungskraft. Die jetzige Position bekleidet er seit knapp 1,5 Jahren, sein Vorgänger war in seinem Wirken sehr erfolgreich und hat „im Unternehmen einen bleibenden Eindruck hinterlassen". Herr Market sieht sich inzwischen zwar gut im Unternehmen angekommen, sagt aber auch, „dass ich mich noch nicht entscheidend ausgewirkt habe, und da bin ich mir völlig im Klaren drüber, dass man im Unternehmen mittel- und langfristig mehr von mir erwarten darf". Als ungünstige Randbedingung sieht er den Umstand, dass in den letzten drei Jahren das Budget für die Kampagnen eingefroren worden ist, obwohl „wir gerade im Bereich Social Media präsenter sein müssen, und das kostet eben auch Geld".

Deutung der Feedbackergebnisse

Darüber hinaus berichtet er, dass er in seinem vorherigen Job zwei echte Misserfolge zu verzeichnen hatte. Zum einen hat sich eine von ihm zu verantwortende Kampagne als „krasser Flop" entwickelt, zum anderen konnte er seine Strategie für ein moderneres Online-Marketing im Konzern nicht durchsetzen. Beide Erfahrungen hätten doch relativ stark an seinem Selbstbewusstsein genagt.

Von seinem Vorgesetzten, der im Unternehmen als Vorstand für Marketing und Vertrieb verantwortlich ist, fühlt er sich gut unterstützt und in seiner Tätigkeit wertgeschätzt. Herr Market beschreibt seinen Vorgesetzten als „Mann der alten Schule, der weiß, was er tut, vor allem handwerklich, manchmal aber mit den neuen Kommunikationskanälen und wie man darauf spielen muss, so seine Schwierigkeiten hat". Er wünscht sich von seinem Vorgesetzten deutlich mehr Durchsetzungsvermögen im Vorstand, wenn es um die Finanzierung von ehrgeizigen Kampagnen geht.

Darstellung der Führungssituation

Angesprochen auf die Führungssituation und den Umgang mit seinen Mitarbeiterinnen und Mitarbeitern, beschreibt er die Situation insgesamt als schwierig. Er sieht sein Team zwar grundsätzlich als „gut aufgestellt, viele haben richtig gute Ideen". Zum einen würden die Mitarbeiter ihn aber hin und wieder immer noch (auch ihm gegenüber) mit seinem Vorgänger vergleichen, irgendwann dürften diese Vergleiche mit früher gerne beendet sein. Gleichzeitig beklagt er, dass die Dinge von manchen Mitarbeitern nicht richtig zu Ende gedacht werden. Hier hätte er in letzter Zeit dem einen oder anderen auch mal ein Stoppsignal setzen müssen. Dies habe in der kurzen Zeit, in der er hier ist, „sicher auch bei dem einen oder anderen kreativen Kopf für richtig Frust gesorgt".

Im Gespräch mit den Mitarbeitern würden ihm diese auch direkt sagen, dass er ihre Energie zu oft bremsen und nach oben zu wenig durchsetzen würde. Zudem werde ihm aus zwei Teams heraus der Vorwurf gemacht, dass er „seine bevorzugten Gesprächspartner" hätte und kritischen Themen, auch da, „wo es mal richtig knatscht", eher aus dem Weg gehen würde. Eine Bevorzugung von Mitarbeiterinnen und Mitarbeitern durch ihn kann er sich gefühlt nicht vorstellen. Dass er manchmal zu ausgleichend oder harmoniebedürftig wäre, das „sagt mir manchmal auch meine Partnerin".

Die Kollegen schließlich beschreibt Herr Market gleichermaßen als kompetent und fair in der Zusammenarbeit.

Die von Herrn Market gegebenen Beschreibungen des Verhältnisses zu den verschiedenen Perspektivgruppen lassen eine bündige Interpretation des Feedbackergebnisses zu. Die Vorgesetzten sehen ihn besser aufgestellt als er sich selbst, sie sind mit seinen erzielten Ergebnissen bis dato zufrieden, ihr Kompetenzeindruck im Bereich „Führen" lässt gleichwohl den Schluss zu, dass er hier noch „Luft nach oben" hat.

Ableitungen hinsichtlich des Entwicklungsbedarfs

Ein entsprechender Entwicklungsbedarf in diesem Bereich kann vor allem auch mit Blick auf das Mitarbeiterfeedback vermutet werden. Sie haben grundsätzlich sehr hohe Erwartungen an ihn (siehe den Vergleich mit dem erfolgreichen Vorgänger), erleben ihn in der Führung anstatt inspirierend allerdings eher die Kreativität bremsend. Das Feedback der Mitarbeiter zum Thema „Ergebnisse erzielen" fällt ähnlich wie das Selbsturteil eher niedrig aus; es verstärkt den Eindruck, dass er das Potenzial, die Fähigkeiten und Talente in seinem Verantwortungsbereich nicht zielgerichtet genug und allenfalls mit größeren Einbußen in Wirkung „nach draußen" bringt. Hierzu passt ihr Eindruck, dass sie seine mangelnde Durchsetzungsfähigkeit in der Hierarchie kritisch sehen, möglicherweise fühlen sie dadurch ihr Engagement und ihre Leistung im Unternehmen nicht ausreichend anerkannt. Zudem haben ihm die Fehlschläge im vorherigen Job möglicherweise auch energetisch so zugesetzt, dass sein Elan gemindert ist, respektive, dass er vorsichtiger geworden ist und in sein Team eher bremsend hineinwirkt.

- Optionen für Maßnahmen und Entwicklungsempfehlungen

Entwicklungsempfehlungen

- sich mehr vor Ort zeigen („walking around"), um mit den Mitarbeiterinnen und Mitarbeitern noch stärker ins Gespräch zu kommen;
- in moderierten Workshops mit den Mitarbeiterinnen und Mitarbeitern die gegenseitigen Erwartungen abklären (auch die Erwartungen, die ggf. unrealistisch sind);
- im Rahmen eines Coachingangebots die persönlichen Erfolge und Misserfolge Revue passieren lassen; welche seiner Ressourcen nutzt er aktiv; was hat er aus den gefühlten Misserfolgen gelernt; inwiefern lassen sich die gemachten Erfahrungen positiv in seiner augenblicklichen Tätigkeit nutzen?
- im Rahmen eines Konflikttrainings ausloten, wo Hemmnisse liegen, sachliche und ggf. auch persönliche Meinungsverschiedenheiten „auf Augenhöhe" auszutragen.

5.2 Regionaler Vertriebsleiter eines Versicherungsunternehmens

- Beschreibung der Feedbackkonstellation

Feedbackkonstellation von Herrn Vertrieb

Herr Vertrieb (43 Jahre alt) sieht sich in allen vier Kompetenzbereichen gut aufgestellt (siehe Abbildung 12). Im Bereich des „Unternehmerischen Handelns" beschreibt er sich noch stärker als in den anderen Bereichen, allerdings fallen die Unterschiede der Selbsteinschätzungen marginal aus. Unübersehbar dagegen ist, dass alle Fremdeinschätzer-Gruppen zu deutlich niedrigeren Urteilen gelangen als er selbst. Zudem gelangen diese zu weitgehend übereinstimmenden Urteilen, was das Gewicht der Botschaften verstärkt. Starke Abweichungen sind u.a. auch in der Wahrnehmung der Führungsleistung durch die Mitarbeiterinnen und Mitarbeiter zu beobachten.

Als erste Näherung ist zu vermuten, dass der im Selbstbild der Fokusperson zum Ausdruck gelangte Anspruch an gute Führung im Alltag von den Mitarbeiterinnen und Mitarbeitern nicht so erlebt wird. Es zeigt sich insgesamt eine Konstellation der *Überschätzung*, die darin besteht, dass die Selbsteinschätzungen deutlich positiver ausfallen als die Fremdeinschätzungen.

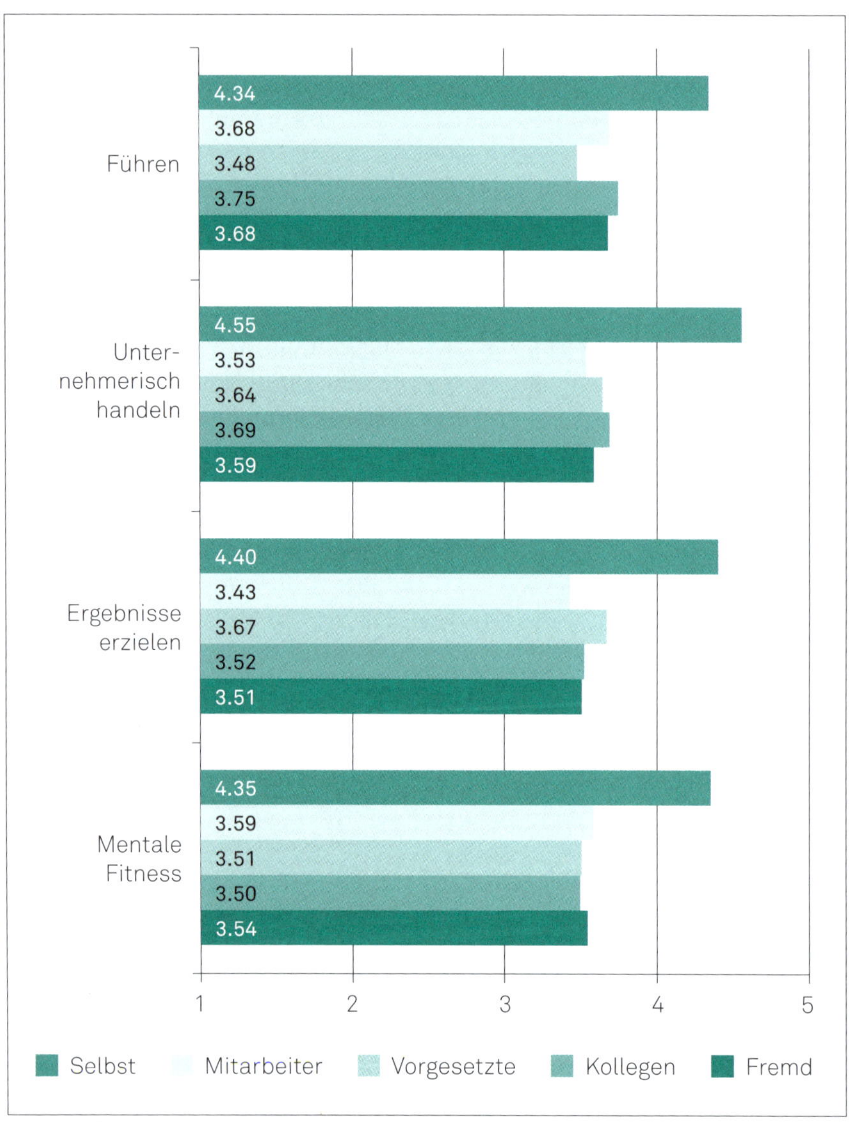

Abbildung 12: Fallbeispiel Vertriebsleiter – Ergebnisse Metakompetenzen

Betrachten wir exemplarisch zwei Einzelkompetenzen genauer, so wird der gewonnene Eindruck gestützt. Auf der Unterdimension „Vision und Strategie entwickeln“ (als Dimension der Metakompetenz „Unternehmerisch Handeln“;

Abbildung 13) verzeichnen alle Feedbackgeber-Gruppen kritische Urteile – was auf gravierende Wahrnehmungsdifferenzen zwischen der Fokusperson und ihrer Umgebung hinweist.

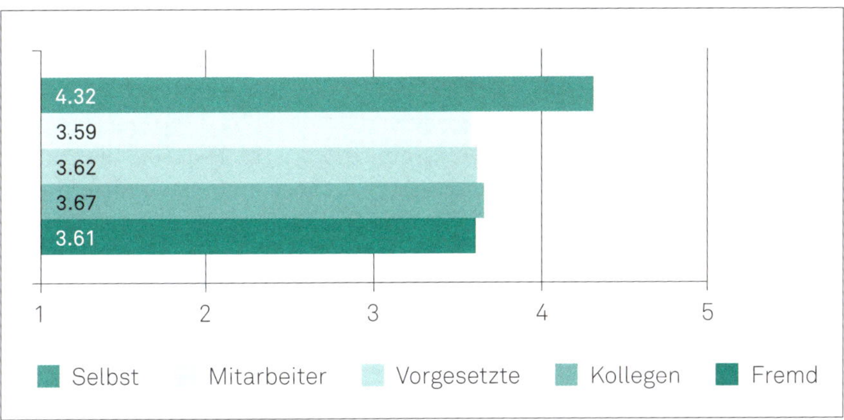

Abbildung 13: Fallbeispiel Vertriebsleiter – Ergebnisse Dimension „Vision und Strategie entwickeln“

Deutliche Selbst-Fremdabweichungen sind auch für den Bereich der „Agilität“ zu beobachten (siehe Abbildung 14). Agilität ist inhaltlich zu einem großen Anteil vor allem aus der Fähigkeit zum Lernen aus Erfahrungen (d.h. aus Erfolgen und Misserfolgen gleichermaßen) bestimmt und insofern ist diese Anforderung für eine erfolgreiche Vertriebstätigkeit essenziell. Hier sieht sich Herr Vertrieb ebenfalls bestens aufgestellt, während seine Vorgesetzten, die Kollegen und Mitarbeiter zu in Teilen sehr kritischen Einschätzungen gelangen.

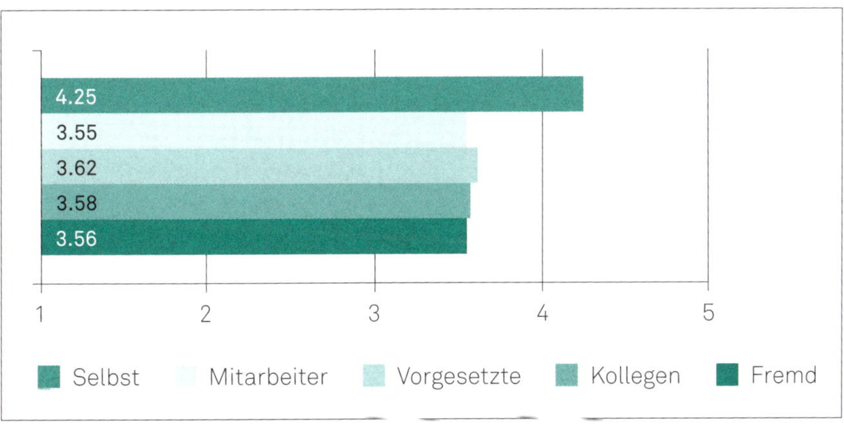

Abbildung 14: Fallbeispiel Vertriebsleiter – Ergebnisse Dimension „Agil sein“

- Interpretation

Die Fokusperson sieht sich selbst als echten Leistungsträger, der gerne „große Fußstapfen in der Organisation“ hinterlässt. Zur Illustration ihrer „inneren Aufstellung“ seien einige (fiktive) Gesprächsinhalte wiedergegeben. Im Gespräch mit dem Feedback-Coach äußert er sich z. B. kritisch über die Randbedingungen der Aufgabe: „Ich habe eine Vertriebsregion zugewiesen bekommen, in der ich strukturell gegenüber anderen im Nachteil bin. Und ganz ehrlich, da hätte ich mir eine andere Region gewünscht. Hier sind die Wachstumschancen sehr begrenzt, und das ist noch sehr milde ausgedrückt. Die Leute, die hier leben, haben am Ende des Tages nicht viel Geld über. Deswegen müssen sie schauen, wie sie das Nötigste versichert bekommen. Auf der anderen Seite weiß ich, dass meine Vorstände eine andere Meinung haben. Die lautet in aller Einfachheit: Machen Sie die Region zu einem Beispiel exzellenten Vertriebs. Aber ich bin sicher, dass egal wer hier Verantwortung übernimmt: die ganz großen Hoffnungen werden sich für diese Vertriebsregion nicht erfüllen. Damit muss und werde ich leben müssen.“

Deutung der Ergebnisse aus Sicht der Fokusperson

Für die Grenzen des Erfolgs hat Herr Vertrieb eine zusätzliche Erklärung: „Die Struktur unserer Vertriebsmannschaft sieht so aus, dass wir da zu mindestens 50 % gestandene und ältere Vertriebler haben. Die kennen ihr Geschäft und ihre Kunden eigentlich ganz gut, der Nachteil besteht allerdings darin, dass der eine oder andere leider auch schon ziemlich eingefahren ist. Um die zu einer stärkeren Vertriebsleistung zu bringen, muss man sich richtig etwas einfallen lassen. Und dabei habe ich mir schon etliche Male die Zähne ausgebissen. Ich bin zwar so oft wie möglich vor Ort, aber so eine Führungsleistung wirkt sich nicht sofort aus; die zeigt sich dann vielleicht erst bei meinem Nachfolger oder meiner Nachfolgerin.“

Externale Attribution

Die Erläuterungen von Herrn Vertrieb sind typisch für Erfahrungen mit Fokuspersonen, die sich im Vergleich zu ihren Feedbackgebern überschätzen. Gerade für diese Personen – bzw. für den Entwicklungsdialog mit ihnen – ist die Annahme förderlich, dass sich in den Feedbackergebnissen vor allem die konstruierte Wirklichkeit der einzelnen Personen abbildet (von der *einen* validen Wirklichkeit lässt sich dagegen schwerlich sprechen). Sich überschätzende Fokuspersonen interpretieren die Abweichungen zwischen Selbst- und Fremdbildern gerne mit dem Hinweis auf die schwierigen Umstände oder Menschen in ihrem Umfeld, die bisweilen nicht so mitziehen können oder wollen wie gewünscht. Im besten Psychologen-Deutsch formuliert: Sie attribuieren gerne external.

In unserem Beispiel attribuiert Herr Vertrieb die Feedbackkonstellation zum einen auf die schwierige wirtschaftliche Lage in seiner Region („... strukturell gegenüber anderen im Nachteil“); zum anderen beschreibt er die Situation in seiner Vertriebsmannschaft, deren altersbedingte Leistung ihn wenig optimistisch stimmt („... auch schon ziemlich eingefahren").

Das, was nicht klappt, wird mit der Umgebung erklärt. Es werden demgegenüber oft wenig Erläuterungen dazu gegeben, die sich auf die eigene Person beziehen, seien es z. B. überehrgeizige Ziele, Anlaufschwierigkeiten im neuen Job oder auch gefühlte Misserfolge. Wenn die Dinge dagegen erfolgreich und richtig gut laufen, wird bevorzugt auf die eigenen Leistungen und Fähigkeiten verwiesen (zugespitzt im Sinne von „ich war's ganz allein").

Im Dialog mit Herrn Vertrieb werden wir mit einiger Wahrscheinlichkeit auch den Eindruck gewinnen, dass das starke Selbstbild nicht allein durch seinen eigenen Kompetenzeindruck geprägt ist. Vielmehr mischen sich in das Urteil Anteile eines Anspruchs an sich selbst oder Erwartungen, die von außen herangetragen werden. Externe Erwartungen können z. B. in mündlich oder schriftlich vereinbarten Zielvereinbarungen hinterlegt sein. Des Weiteren finden sie sich in Anforderungsprofilen wieder, die auf der Ebene von Kompetenzen fixiert werden und beschreiben, welche Fähigkeits- und Persönlichkeitsausprägungen auf bestimmten Verantwortungs- und Hierarchieebenen gefordert werden. Das Ergebnisbild spiegelt dann weniger den wahrgenommenen Ist-Zustand wider als vielmehr Einzelheiten des (vermuteten) Soll-Profils.

- Optionen für Maßnahmen und Entwicklungsempfehlungen

Entwicklungsprognose

Hinsichtlich der Entwicklungsprognose für Überschätzer besteht die Überlegung, dass diese deswegen günstig ist, weil die Person durch die Feedbackkonstellation irritiert wird. Die wahrgenommene Abweichung zwischen Selbst- und Fremdeinschätzung stiftet Unbehagen, da die meisten Menschen doch lieber in Kongruenz mit den Zuschreibungen und Wahrnehmungen durch andere leben (siehe Scherm, 2014). Sie sind geneigt, dieses Unbehagen zu reduzieren, indem sie Kongruenz zwischen Selbst- und Fremdeinschätzungen anstreben: zum einen, indem sie ihr Leistungsniveau verbessern und dies von ihrem Umfeld auch entsprechend mit besseren Fremdeinschätzungen attestiert wird; zum anderen, indem sie ihre (womöglich übertrieben) hohen Selbstzuschreibungen relativieren bzw. zurückfahren.

5.3 Stabsabteilungsleiterin eines Industriekonzerns

Das Feedback für den nachfolgend dargestellten Fall bezieht sich auf die Person einer Abteilungsleiterin im Stabsbereich Personal eines international tätigen Industriekonzerns (im Folgenden „Frau Stab"). In ihrem Verantwortungsbereich befinden sich im Wesentlichen Sonderaufgaben in Bezug auf die obersten Führungskräfte des Konzerns. Frau Stab ist um die 40 Jahre alt; die Position, die sie bekleidet, ist bereits ihre dritte Führungsaufgabe; zugleich ist sie aktuell Mitglied eines internen Förderprogramms „Frauen in höhere Führungsfunktionen" (vgl. auch Regnet, 2017).

Das eingesetzte 360°-Feedback-Instrument kombinierte ein Inventar zur Erfassung einiger hausinterner Fragen zu den beiden Bereichen „Führungs- und Sozialkompetenz" mit einem Verfahren, das auf der Zuschreibung wahrgenommener, alltagssprachlich ausgedrückter Eigenschaften basierte (Self-BF, Sarges & Roos, 2008; siehe Abschnitt 4.2).

- Beschreibung der Feedbackkonstellation

Die Feedbackkonstellation

Frau Stab nimmt sich als eine Führungskraft wahr, die sowohl mit Personen aus dem Stabsbereich Personal, dem sie der Linienorganisation nach zugehört, als auch mit Personen (oberste Führungskräfte) aus den operativen Bereichen, denen bei bestimmten Inhalten fachlich zuzuarbeiten ihre zentrale Aufgabe ist, gut zusammenzuarbeiten bestrebt ist. Allerdings hat sie das Gefühl, dass ihr von Vorgesetzten und Kollegen des Stabsbereichs, dem sie ja organisational zugehörig ist, eine geringere Wertschätzung entgegengebracht wird als aus den operativen Bereichen, für die sie – ungeachtet ihrer stabsmäßigen Zuordnung – genuin tätig ist.

Als Ursache hierfür wird der Unterschied in der Wahrnehmung des Tagesgeschäftes durch die operativen Bereiche im Gegensatz zum Stabsbereich angenommen. Zu prüfen war also, ob sich die als kritisch vermutete Grundhaltung des eigenen Stabsbereichs gegen Frau Stab über alle Einschätzungsgruppen hinweg (Stab und operative Bereiche) als durchgängig erweisen würde.

Analyse der Selbst- und Fremdvergleiche

Unterscheidung nach Einschätzungsperspektiven. Der Vergleich von Selbst- und Fremdeinschätzungen nach Einschätzungsperspektiven ohne Berücksichtigung der organisationalen Zuordnung der einzelnen Feedbackgeber (Stab vs. operative Bereiche) erbrachte keine maßgeblichen Differenzen zwischen den einzelnen Beurteilungsperspektiven. Die Unterschiede zwischen den Bewertungen der Vorgesetzten, der Kollegen sowie der Mitarbeiter fielen nur marginal aus bzw. bewegten sich im Bereich kleinerer Abweichungen (siehe das Beispiel in Abbildung 15).

Betrachtung der Feedbacks nach Bereichen

Unterscheidung nach Bereichszugehörigkeit. Um der spezifischen Ausgangslage der Fragestellung gerecht werden zu können, wurde neben der Zugehörigkeit der Fremdeinschätzer zu einer bestimmten Beurteilungsperspektive auch deren Bereichszugehörigkeit mit erhoben, wobei zwischen der Zugehörigkeit zum Stabsbereich Personal bzw. zu den operativen Bereichen unterschieden wurde. Nur bei der Beurteilungsperspektive „Mitarbeiter“ entfiel diese Unterscheidung: Es handelte sich bei den Mitarbeitern ausschließlich um Personen, die Frau Stab disziplinarisch unterstellt waren.

Abbildung 15: Beispielfrage – Fremdeinschätzungen nach Perspektiven

Hier nun waren die Unterschiede der Einschätzung augenfällig (siehe das Beispiel in Abbildung 16). Von den Führungskräften des eigenen Stabsbereiches (Vorgesetzte und Kollegen) wurde Frau Stab durchgängig schlechter eingeschätzt als von den Führungskräften und Kollegen der operativen Bereiche (oberste Führungskräfte). Die Einschätzungen der eigenen Mitarbeiter bewegten sich ebenfalls näher an denen der Angehörigen der operativen Bereiche als an denen des eigenen Stabsbereiches.

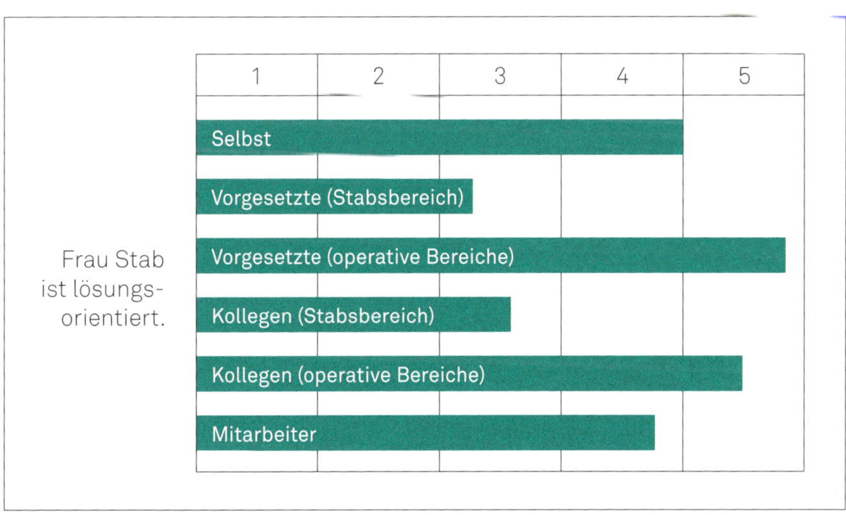

Abbildung 16: Beispielfrage – Fremdeinschätzungen nach Perspektiven und Bereichszugehörigkeit

Wie im Exkurs „Steigerung von Informationsgehalt und Akzeptanz der Selbst- und Fremdurteile durch einen erweiterten methodischen Zugang“ (vgl. Abschnitt 4.2) skizziert, wurde hier auch ein solcher erweiterter methodischer Zugang herangezogen (= Eigenschaftsworte in Freiwahl zur Charakterisierung der Fokusperson).

Aufschlüsselung nach zugeschriebenen Eigenschaften

Das folgende, typische Beispiel (siehe Tabelle 7) zeigt, dass sich die obigen Effekte auch aus der Betrachtung der zugeschriebenen Eigenschaften durch die Fremdeinschätzer ergaben, und zwar deutlich prägnanter: Hier traten die Differenzen zwischen den einzelnen nach Einschätzungsperspektive und Bereichszugehörigkeit unterteilten Fremdeinschätzungen plastischer und konturierter hervor, als dies auf Basis der in 360°-Feedback-Inventaren üblichen Methode ausformulierter Statements in Verbindung mit gestuften Ratingskalen (vgl. Abschnitt 4.2) der Fall war.

Tabelle 7: Beispiel-Eigenschaften Frau Stab – Zuschreibung von Eigenschaften durch einschätzende Führungskräfte (Vorgesetzte)

	Selbst	Vorgesetzte $n = 5$ (alle)	Vorgesetzte $n = 1$ (Stabsbereich)	Vorgesetzte $n = 4$ (operative Bereiche)
analytisch	X	4	1	3
ausgeglichen	X	3	0	3
respektvoll	X	3	0	3

Auch hier ergibt sich eine heterogene Verteilung der Zuschreibungen je nach Zugehörigkeit der Fremdeinschätzer zum Stabsbereich bzw. zu den operativen Bereichen. So zeigt Tabelle 7 sehr markant, dass sich Frau Stab selbst die Eigenschaft „analytisch“ zuschreibt. Insgesamt vier Fremdeinschätzer aus der Perspektive „Vorgesetzte“ schreiben ihr diese Eigenschaft ebenfalls zu, darunter aber nur ein Vorgesetzter aus dem eigenen Stabsbereich, aber drei Vorgesetzte aus den operativen Bereichen. Bei den Eigenschaften „ausgeglichen“ und „respektvoll“ kommen sogar sämtliche aus der Vorgesetztenperspektive stammenden Zuschreibungen einzig von Vorgesetzten aus den operativen Bereichen.

Vergleichbare Effekte wie bei der Einschätzung durch die Vorgesetzten (Tabelle 7) finden sich auch bei der Betrachtung der Zuschreibung von Eigenschaften durch Kollegen. Tabelle 8 veranschaulicht dies auf Basis weiterer Adjektiv-Zuschreibungen.

Tabelle 8: Weitere Beispiel-Eigenschaften Frau Stab – Zuschreibung von Eigenschaften durch einschätzende Kollegen

	Selbst	Kollegen $n=9$ (alle)	Kollegen $n=3$ (Stabsbereich)	Kollegen $n=6$ (operative Bereiche)
zielorientiert	X	7	2	5
kooperativ	X	5	1	4
gewinnend	X	6	1	5

- Interpretation

Betrachtung nach Kulturunterschieden

Kulturdifferenzen. Frau Stab erbringt als Angehörige des Stabsbereiches Personal im Tagesgeschäft den Großteil ihrer Arbeit originär für die oberen Etagen der operativen Bereiche des Konzerns. Hier genießt sie auch ein hohes Ansehen, sowohl mit Blick auf ihre Fachkompetenz wie auch mit Blick auf ihre Führungs- und Sozialkompetenzen.

Im Gespräch mit Frau Stab und ihrem „Mentor", der ihr im Zuge des o. g. Förderprogramms „Frauen in höhere Führungsfunktionen" zugeteilt ist, ergab sich, dass die operativen Bereiche des Konzerns den Stabsbereich Personal innerhalb des Konzerns als etwas „weltfremd" wahrnehmen. Die Kultur dort sei völlig anders geprägt als in Einheiten der Firma, die durch ihr operatives Wirken auch einen messbaren Beitrag zum Unternehmenserfolg lieferten.

Bei einer mehr kausal-analytischen Betrachtung lassen sich die dargestellten Einschätzungsdifferenzen durch Unterschiede in den miteinander konkurrierenden Ziel-/Mittelsystemen beider „Welten" erklären: Während in Stabsbereichen überproportional häufig eher administrativ-regulatorische mentale Modelle vorherrschen, in denen nicht selten die Mittel zu Zielen werden, orientieren sich operative Bereiche eher an strategisch-taktischen Vorgaben und bedienen sich der Mittel, die zu ihren Zielen führen.

Damit sind die Erwartungen an Führungskräfte aus Sicht der Vorgesetzten und Kollegen aus dem Stabsbereich Personal natürlich oft andere als die der Vorgesetzten und Kollegen aus den operativen Bereichen.

- Optionen für Maßnahmen und Entwicklungsempfehlungen

Die Empfehlungen richten sich v. a. darauf, die für die abweichenden Fremdeinschätzungen maßgeblichen kulturspezifischen Unterschiede zu klären. Zugleich zielen sie auf mögliche Verhaltensänderungen von Frau Stab.

Entwicklungsoptionen

- Gemeinsam mit ihrem „Mentor“ sucht Frau Stab nun das Gespräch mit ihrem Disziplinarvorgesetzten (Stabsbereich Personal) und thematisiert die auf den Kulturdifferenzen zwischen den Bereichen basierenden Unterschiede der Fremdeinschätzung.
- Darüber hinaus wäre ein Diskurs zwischen Vertretern des Stabsbereichs Personal und einzelner Vertreter hier maßgeblicher operativer Bereiche geboten, um die bereichsspezifischen Verhaltenserwartungen (Stab vs. operative Bereiche) bewusst zu machen, fundiert aufeinander abzustimmen und in der Folge auch zu leben.
- Frau Stab wurde angeraten, ihr Verhalten in Richtung einer respektvollen Interaktion auch in wechselnden sozialen Kontexten (Stabswelt vs. operative Welt) zu flexibilisieren.
- Auf Vorschlag des „Mentors“ wird unabhängig davon auch ein Wechsel des Bereiches für Frau Stab bzw. eine Neuordnung ihrer disziplinarischen Unterstellung angeregt.

6 Ausblick: Zukünftige Trends im 360°-Feedback

Das 360°-Feedback dürfte sich in verschiedenen Varianten auch zukünftig einer starken Verbreitung im deutschen Sprachraum erfreuen. Diese Entwicklung wird nicht nur von dem Gedanken gefördert, die Übertragung von Führungsverantwortung mit der Frage des Erfolgs zu verknüpfen. Sie wird auch dadurch unterstützt, dass die z.T. berechtigte Skepsis vielerorts dem Eindruck positiver Erfahrungen gewichen ist (vgl. die unternehmensbezogenen Fallbeispiele bei Scherm, 2005). Neben der Funktion, die Potenzialträger des eigenen Unternehmens durch Feedback zu entwickeln, zeichnen sich eine Reihe von weiteren interessanten Perspektiven ab. Hierbei wird es im Wesentlichen um eine Verbindung mit anderen Zielsetzungen und Anlässen gehen:

- Verbindung mit anderen Ansätzen der Potenzial- und Führungskräfteentwicklung

Integration des 360°-Feedbacks in ACn

Feedbackvarianten werden verstärkt dort zur Anwendung kommen, wo es um die Entwicklung von Nachwuchskräften der unteren und mittleren Ebene geht. Die Ergebnisse des Feedbacks werden vor allem in Assessment Centern integriert, um den Kandidaten eine ökologisch valide Standortbestimmung zu ermöglichen („wo sieht mein Umfeld meine derzeitigen Potenziale und Defizite"). Um den zeitlichen und administrativen Aufwand für die beteiligten Feedbackgeber in Grenzen zu halten, stützen sich die Feedbacks auf eine verringerte Anzahl von Fremdperspektiven (meist Vorgesetzte und/oder Kollegen). Auch eine Datenerhebung „online" leistet hier wertvolle Dienste.

Trend zur Methodenvielfalt

Auch für die Forderung an ein AC nach einer möglichst validen Verhaltensprognose bezüglich der Kandidaten ergibt sich aus der Berücksichtigung von Feedbackdaten eine deutlich verbesserte Situation. Stehen die Beurteilungen im AC in der Gefahr, durch den tendenziell einseitigen Methodenzugang der Verhaltensbeobachtung in einem *künstlichen* Setting an Validität einzubüßen, so hilft die Integration einer weiteren Datenquelle, nämlich Einschätzungen aus der *realen* Tätigkeitsumgebung, dem vorzubeugen. (Dieser Trend zur Methodenvielfalt im AC dürfte sich im Übrigen auch gegen das Votum mancher „AC-Puristen" durchsetzen, die Assessment Center als ausschließliches Feld der Verhaltenssimulation betrachten.)

Handelt es sich beim klassischen 360°-Prozedere um einen Feedbackansatz, der das Verhalten der Kandidaten in der *Vergangenheit* fokussiert, scheinen sich zunehmend auch Varianten zu etablieren, die sich auf das *aktuelle* Verhalten im AC selbst beziehen. Dabei erstellen die AC-Teilnehmer ihr Selbstbild über ihre im Verlauf der Veranstaltung gezeigten Stärken und Schwächen und gleichen dies im Sinne einer Rückkopplung mit der Fremdeinschätzung der Beobachter ab. Der Vorteil einer solchen Konstruktion liegt darin, dass die Teilnehmer den entwicklungsstiftenden Selbstbild-Fremdbild-Abgleich unmittelbar vor Ort vornehmen und bei Fragen in den Dialog mit den Beobachtern treten können.

Verbindung des 360°-Feedbacks mit Potenzialgesprächen

Die Ergebnisse von 360°-Feedbacks dürften zudem stärker in *Potenzialgespräche* Eingang finden. Dies ist ein Wunsch (gelegentlich eine Forderung), der gerade auch vonseiten der Geschäftsleitungen immer wieder artikuliert wird. Er folgt dem verständlichen Interesse, das Führungs- und Entwicklungspotenzial des eigenen Nachwuchses möglichst treffsicher beurteilen zu können. Voraussetzung für die Integration von Feedbackdaten in das Potenzialgespräch aber ist die Bereitschaft der Fokusperson, diese freizugeben und damit das Anonymitätsgebot aufzulösen.

Die Validität des Feedbacks vorausgesetzt, erhöht sich mit dessen Berücksichtigung der Informationsgehalt des Gesprächs. So erhalten die Fokusperson und der Vorgesetzte die Möglichkeit, sich über ihre jeweiligen Einschätzungen, Interessen und Ziele unter Rückgriff auf die vorliegenden Kompetenzeinschätzungen austauschen zu können. Für die Fokusperson stehen den mit der Öffnung verbundenen Risiken, dem Vorgesetzten womöglich auch die eigenen Defizite offenbaren zu müssen, die Chancen gegenüber, die Qualifizierungs- und Aufstiegswünsche mit den Urteilen aus anderen Quellen unterstützen zu können. Die Vorgesetzten und das Unternehmen profitieren, indem sie mehr Sicherheit über die Förderungswürdigkeit von Kandidaten erlangen. Werden 360°-Feedback-Prozesse *vor* weichenstellende Assessment Center oder alternative Verfahren platziert, so lassen sich daraus entscheidungsdienliche Anhaltspunkte gewinnen, ob die betreffenden Kandidaten bereits über die geforderten Kompetenzen verfügen oder diese erst noch entwickeln sollten.

Integration von 360°-Feedbacks in Coachingprozesse

Bereits jetzt ist eine Verbindung der 360°-Feedback-Methode mit dem Coaching von Führungs- oder auch Fachkräften zu beobachten. Will Coaching als wirksame Methode ernst genommen werden und nachhaltig zur Entwicklung von Personen beitragen, dann dürfte die Frage der Professionalisierung seitens der Anbieter und der Verbände eine zunehmend wichtige Rolle spielen. Professionalisierung – so die Hoffnung – sollte sich u.a. in einer verbesserten Erfolgsbilanz von Coachings niederschlagen. Als wichtiger Eckpfeiler für eine verstärkte Fundierung kommt nach unserer Auffassung vor allem die *Diagnostik* infrage. Die bis dato zu beobachtenden Bemühungen um eine verbesserte Diagnostik im Coaching sind bisher noch als eher „zarter Pflanzenwuchs" zu beschreiben (siehe Scherm & de Jonge, 2012).

Durch eine Integration von 360°-Feedbacks in Coachingprozesse lassen sich mit einiger Wahrscheinlichkeit die wichtigen von den weniger wichtigen Bedarfen abgrenzen. Indem die Umgebung der Fokusperson – als Fremdeinschätzung – in den Prozess der Bedarfsklärung mit einbezogen wird, dürfte sich die Validität der Bedarfsklärung deutlich erhöhen. Hier verlassen sich noch zu viele Protagonisten und Organisationen auf die Möglichkeiten allein des explorierenden Gesprächs. Ohne der Artikulation von Bedarfen durch die Klienten selbst zu misstrauen, liegen die Verbesserungschancen durch den Abgleich von Selbst- und Fremdbild auf der Hand. Da Führung der Idee eines wie auch immer zielführenden Einflusses auf die Mitarbeiterinnen und Mitarbeiter folgt, liegt es nahe, gerade diese in die Bedarfsklärung miteinzubeziehen. Aus der Erfahrung lässt sich sagen, dass nicht wenige Führungskräfte für ihr Coaching andere Bedarfe benennen als ihre Mitarbeiterinnen und Mitarbeiter. Da der Erfolg von Coaching gerade im Kontext von Führung auch im unmittelbaren Interesse der Organisationen liegt (die ja, nebenbei bemerkt, das Angebot häufig auch finanzieren), ist eine valide Bedarfsklärung umso wichtiger. Aus der Methodenintegration ergibt sich zudem die Chance, das Umfeld der Fokusperson unmittelbar als Unterstützung für den Entwicklungserfolg zu gewinnen. Wer, mit anderen Worten, im Rahmen des 360°-Feedbacks in die Bedarfsklärung einbezogen wird (seien es Vorgesetzte, Kollegen oder Mitarbeiter), der ist auch eher geneigt, eine wünschenswerte Verhaltensentwicklung aktiv zu unterstützen.

Die Idee der Kombination ist allerdings auch umgekehrt interessant. Genauso häufig, wie zu beobachten ist, dass Coaching noch ohne ausreichende Diagnostik praktiziert wird, ist festzustellen, dass das 360°-Feedback ohne systematische Entwicklungsformate durchgeführt wird. Die Fokusperson wird nicht selten nach einem erläuternden Feedbackgespräch bei ihren Veränderungsbemühungen quasi allein gelassen – ein wohl eher suboptimales weil nicht nachhaltiges Vorgehen. Die positive Vision bzw. der fachliche Forderungskatalog beinhaltet demgegenüber die Option, an das 360°-Feedback ein Coaching oder vergleichbare Angebote anzuschließen. Damit soll sichergestellt werden, dass es nicht bei der Bedarfsfeststellung oder einer Stärken-Schwächen-Analyse bleibt, sondern dass die Fokusperson in einem entwicklungsbezogenen Prozess gezielt an den Änderungsbedarfen arbeiten kann.

- Verstärkter Einsatz im Zusammenhang mit Zielvereinbarungen und Leistungsbeurteilungen

Integration des 360°-Feedbacks in Leistungsbeurteilungssysteme

Parallel zur Kombination von Ansätzen der Potenzialentwicklung und 360°-Feedbacks zeichnet sich eine zunehmende Integration von Feedbacksystemen in den Kontext von Zielvereinbarungen und Leistungsbeurteilungen ab. Ist es bei Führungskräften in der Vergangenheit im Zusammenhang mit dem

Erreichen von Zielen zu Problemen gekommen, so geben möglicherweise gerade die Fremdurteile über die Ursachen Aufschluss. Lassen sich entsprechende Kompetenzdefizite identifizieren, kann dies in neuen Runden der Zielvereinbarung berücksichtigt werden.

Feedbackurteile dürften zudem, entsprechend der Tradition im angloamerikanischen Bereich, verstärkt auch zum Zwecke der Leistungsbeurteilung herangezogen werden. Trotz einiger ernstzunehmender Bedenken, die vor allem die Frage der Anonymität und Akzeptanz des Feedbacks betreffen, werden die Urteile dazu herangezogen, die subjektiven Anteile der Leistungsbeurteilung stärker zu fundieren und transparenter zu machen. Der Einsatz bezieht sich zum einen auf *interne* Beurteilungsprozeduren im Rahmen sogenannter Performance-Management-Systeme, bei denen die Beurteilung durch den nächsten Vorgesetzten im Sinne erhöhter Validität um die Kollegen- und Mitarbeiterperspektive erweitert wird. Zum anderen bestehen Tendenzen, Feedbacksysteme zum Zweck der *externen* Beurteilung in Management-Audits zu integrieren. Man verspricht sich von der Verzahnung beider Ansätze eine erhöhte Selbstreflexivität und emotionale Nachhaltigkeit bei den Auditierten (Müller-Albrecht, 2001). Und auch hier ist das Ansinnen, die Beurteilung von Führungskräften durch externe Berater verlässlicher zu machen, indem Eindrucksurteile aus dem unmittelbaren Tätigkeitsumfeld einbezogen werden.

- Outplacement-Beratung

360°-Feedback im Dienst von Outplacement-Beratung

Die Dynamik der Märkte wird zukünftig auch im Bereich der Führungskräfte zu nennenswerten Freisetzungen führen. Outplacement-Konzepte sehen eine einvernehmliche Trennung zwischen der jeweiligen Führungskraft und dem Unternehmen vor (Pickman, 1994, 1997; vgl. auch Lohaus, 2010). Sie erarbeiten eine Strategie der Vermarktung von Qualifikationen und Fähigkeiten der betroffenen Person, um diese in neue Arbeitsverhältnisse zu bringen. In diesem Zusammenhang dürfte es diagnostisch sehr hilfreich sein, per 360°-Feedback eine Standortbestimmung hinsichtlich der vorhandenen Kompetenzen vorzunehmen und gegebenenfalls ein zielgenaues Coaching nachzuschalten. Die ohnehin belastete Situation von Outplacement-Kandidaten berücksichtigend, ist es besonders geboten, im Zuge der Feedbackrückmeldung ein wertschätzendes Klima herzustellen – dies auch mit Blick darauf, für eine möglichst hohe Akzeptanz bei den Kandidaten zu sorgen und damit ihre Veränderungsbereitschaft zusätzlich zu fördern.

Insgesamt ist festzuhalten, dass der Druck auf Führungskräfte zunimmt, ihre Kompetenz- und Persönlichkeitsentwicklung aktiv voranzutreiben. Es dürfte zugleich im Eigeninteresse des Einzelnen sein, auf der Basis von Feedbackprozessen den eigenen Entwicklungserfolg langfristig anzulegen. Zudem gibt es seitens der talentierten und erfolgsmotivierten Führungs- und Nachwuchskräfte eine Erwartungshaltung gegenüber ihren Organisationen, dass sie bei entsprechender Leistung in ihrer Kompetenzentwicklung gefördert werden.

7 Literaturempfehlungen

Bracken, D.W., Timmreck, C.W. & Church, A.H. (Eds.). (2001). *The handbook of multi-source feedback*. San Francisco: Jossey-Bass.

Edwards, M.R. & Ewen, A.J. (2000). *360 Grad-Beurteilung*. München: Beck.

Lepsinger, R. & Lucia, A.D. (2009). *The art and science of 360° Feedback* (2nd ed.). San Francisco: Jossey-Bass.

Leslie, J.B. (2013). *Feedback to managers – A guide to reviewing and selecting multirater instruments for leadership development* (4th ed.). Greensboro, NC: Center for Creative Leadership.

8 Literatur

3D Group (2013). *Current practices in 360 degree feedback: A benchmark study of North American companies*. Emeryville, CA: 3D Group.

Amann, S., Böll, S., Deckstein, D., Dettmer, M., Dohmen, F., Hesse, M. & Mahler, A. (2016). Per Du mit dem Chef. *DER SPIEGEL, 14/2016*, 74–78.

Anstiss, T. & Passmore, J. (2013). Motivational Interviewing Approach. In J. Passmore, D. B. Peterson & T. Freire (Eds.), *The Wiley Blackwell handbook of the psychology of coaching and mentoring* (pp. 339–364). Chichester: Wiley-Blackwell.

Antonioni, D. (1996). Designing an effective 360-degree appraisal feedback process. *Organizational Dynamics, 25* (2), 24–38. http://doi.org/10.1016/S0090-2616(96)90023-6

Arendt, H. (2013). *Wahrheit gibt es nur zu zweien: Briefe an die Freunde*. München: Piper.

Atwater, L. E., Ostroff, C., Yammarino, F. J. & Fleenor, J. W. (1998). Self-other agreement: does it really matter? *Personnel Psychology, 51*, 577–598. http://doi.org/10.1111/j.1744-6570.1998.tb00252.x

Atwater, L. E., Rousch, P. & Fischthal, A. (1995). The influence of upward feedback on self- and follower ratings of leadership. *Personnel Psychology, 48*, 35–59. http://doi.org/10.1111/j.1744-6570.1995.tb01745.x

Atwater, L. E. & Yammarino, F. J. (1997). Self-other rating agreement: A review and model. In G. R. Ferris (Ed.), *Research in personnel and human resources management* (Vol. 15, pp. 121–174). Stanford, CT: JAI Press.

Avolio, B. J., Avey, J. B. & Quisenberry, D. (2010). Estimating return on leadership development investment. *Leadership Quarterly, 21*, 633–644. http://doi.org/10.1016/j.leaqua.2010.06.006

Avolio, B. J., Sosik, J. J., Jung, D. I. & Berson, Y. (2003). Leadership models, methods, and applications. In W. C. Borman, D. R. Ilgen, R. J. Kilmoski & I. B. Weiner (Eds.), *Handbook of Psychology* (pp. 277–308). Hoboken, NJ: John Wiley & Sons.

Backovic, L. & Fischer, E. (2018). *Interview mit Strategieberater Marco Nink. „Chefs mangelt es an Selbstreflexion"*. Verfügbar unter https://www.handelsblatt.com/unternehmen/management/interview-mit-strategieberater-marco-nink-chefs-mangelt-es-an-selbstreflexion/21047528.html

Bandura, A. (1982). Self-efficacy mechanisms in human agency. *American Psychologist, 37*, 122–147. http://doi.org/10.1037/0003-066X.37.2.122

Bartram, D., Geake, A. & Gray, A. (2005). Das Internet und 360-Grad-Feedback. In M. Scherm (Hrsg.), 360-*Grad-Beurteilungen: Diagnose und Entwicklung von Führungskompetenzen* (S. 87–110). Göttingen: Hogrefe.

Bass, B. M. & Yammarino, F. (1991). Congruence of self and others' leadership ratings of naval officers for understanding successful performance. *Applied Psychology: An International Review, 40*, 437–454. http://doi.org/10.1111/j.1464-0597.1991.tb01002.x

Becker, F. & Fallgatter, M. (1998). Betriebliche Leistungsbeurteilung – lohnt die Lektüre der Fachbücher? *Die Betriebswirtschaft, 58*, 225–241.

Beehr, T. A., Ivanitskaya, L., Hansen, C. P., Erofeev, D. & Gudanowski, D. M. (2001). Evaluation of 360 degree feedback ratings: Relationships with each other and with performance and selection predictors. *Journal of Organizational Behavior, 22*, 775–788. http://doi.org/10.1002/job.113

Blanchard, K. (2009). *Feedback is the breakfast of champions*. Verfügbar unter http://howwelead.org/2009/08/17/feedback-is-the-breakfast-of-champions

Bloch, E. (1977). *Tübinger Einleitung in die Philosophie*. Frankfurt am Main: Suhrkamp.

Blume, B.D., Ford, J.K., Baldwin, T.T. & Huang, J.L. (2010). Transfer of training: A meta-analytic review. *Journal of Management, 36*, 1065–1105. http://doi.org/10.1177/0149206309352880

Bracken, D.W. (1997). Maximizing the uses of multi-rater feedback. In D.W. Bracken, M.A. Dalton, R.A. Jako, C.D. McCauley & V.A. Pollman (Eds.), *Should 360-degree feedback be used only for developmental purposes?* (pp. 11–17). Greensboro, NC: Center for Creative Leadership.

Bracken, D.W., Dalton, M.A., Jako, R.A., McCauley, C.D. & Pollman, V.A. (Eds.). (1997). *Should 360-degree feedback be used only for developmental purposes?* Greensboro, NC: Center for Creative Leadership.

Brandstätter, H. (1969). *Soziale Urteilsbildung in Organisationen*. Unveröffentlichte Habilitationsschrift, Universität München.

Brandstätter, H. (1983). *Sozialpsychologie*. Stuttgart: Kohlhammer.

Cappelli, P. & Tavis, A. (2016). The performance management revolution. *Harvard Business Review, 10*, 58–67.

Cavanaugh, C. & Zelin, A. (2015). *Want more effective managers? – Learning agility may be the key* (SIOP White Paper Series). Verfügbar unter http://www.siop.org/WhitePapers/LearningAgilityFINAL.pdf

Center for Creative Leadership (2018). *Benchmarks® for Managers™*. Verfügbar unter https://www.ccl.org/lead-it-yourself-solutions/benchmarks-360-assessment-suite/benchmarks-for-managers (Stand: 27.09.2018)

Chun, J.S., Brockner, J. & de Cremer, D. (2018). How temporal and social comparisons in performance evaluation affect fairness perceptions. *Organizational Behavior and Human Decision Processes, 145*, 1–15. http://doi.org/10.1016/j.obhdp.2018.01.003

Conradi, W. (1983). *Personalentwicklung*. Stuttgart: Enke.

Conway, J.M. & Huffcutt, A.I. (1997). Psychometric properties of multisource performance ratings: A meta-analysis of subordinate, supervisor, peer, and self-ratings. *Human Performance, 10* (4), 331–360. http://doi.org/10.1207/s15327043hup1004_2

Craig-Cooper, M. & de Backer, P. (1993). *The management audit*. London: Pitman.

Dalton, M. (1998). Five rationales for using 360-degree feedback in organizations. In W. Tornow, M. London & CCL Associates (Eds.), *Maximizing the value of 360-degree feedback* (pp. 59–77). San Francisco: Jossey-Bass & Center for Creative Leadership.

Dalton, M.A., Lombardo, M., McCauley, C.D., Moxley, R. & Wachholz, J. (1996). *Benchmarks: A manual and trainer's guide*. Greensboro, NC: Center for Creative Leadership.

De Meuse, K.P., Dai, G. & Hallenbeck, G.S. (2010). Learning agility: A construct whose time has come. *Consulting Psychology Journal: Practice and Research, 62*, 119–130. http://doi.org/10.1037/a0019988

de Shazer, S. (1990). *Wege der erfolgreichen Kurztherapie* (2. Aufl.). Stuttgart: Klett-Cotta.

Domsch, M.E. (1999). Vorgesetztenbeurteilung. In L. von Rosenstiel, E. Regnet & M.E. Domsch (Hrsg.), *Führung von Mitarbeitern: Handbuch für erfolgreiches Personalmanagement* (4. Aufl., S. 491–502). Stuttgart: Schäffer-Poeschel.

Domsch, M.E. & Ladwig, D.H. (1995). Die Durchführung einer Vorgesetztenbeurteilung in der Praxis. Zielbildungs- und Konfliktphase. In K. Hoffmann, F. Köhler & V. Steinhoff (Hrsg.), *Vorgesetztenbeurteilung in der Praxis: Konzepte, Analysen, Erfahrungen* (S. 23–35). Weinheim: Beltz.

Erbacher, A. & Meier, G. (2005). 360°-Feedback als Bestandteil der Personalentwicklung bei der Bayerischen Hypo- und Vereinsbank. In M. Scherm (Hrsg.), *360-Grad-Beurteilungen: Diagnose und Entwicklung von Führungskompetenzen* (S. 131–145). Göttingen: Hogrefe.

Erdenberger, C. (1999). Die Personal-Portfolio-Analyse (PPA) als Instrument des Strategischen Personal-Managements. *Zeitschrift für Personalforschung, 13,* 287–294.

Facteau, C. L., Facteau, J. D., Schoel, L. C., Russell, J. E. A. & Poteet, M. L. (1998). Reactions of leaders to 360-degree feedback from subordinates and peers. *Leadership Quarterly, 9,* 427–448. http://doi.org/10.1016/S1048-9843(98)90010-8

Fallgatter, M. J. & Stelzer, F. (2008). Zum 360°-Dilemma – wo Feedback kein Feedback ist. *Zeitschrift für Management, 3* (3), 281–297. http://doi.org/10.1007/s12354-008-0033-5

Farr, J. L. (1991). Leistungsfeedback und Arbeitsverhalten. In H. Schuler (Hrsg.), *Beurteilung und Förderung beruflicher Leistung* (S. 57–80). Göttingen: Verlag für Angewandte Psychologie.

Fecher, G. (1995). Vorgesetztenbeurteilung in Deutschland – Eine Bestandsaufnahme. In K. Hofmann, F. Koehler & V. Steinhoff (Hrsg.), *Vorgesetztenbeurteilung in der Praxis: Konzepte, Analysen, Erfahrungen* (S. 15–19). Weinheim: Beltz.

Felfe, J. & Franke, F. (2014). *Führungskräftetrainings.* Göttingen: Hogrefe.

Fisseni, H.-J. (2004). *Lehrbuch der psychologischen Diagnostik* (3. Aufl.). Göttingen: Hogrefe.

Fleenor, J. W. & Prince, J. M. (1997). *Using 360-degree feedback in organizations – An annotated bibliography.* Greensboro, NC: Center for Creative Leadership.

Fleenor, J. W., Smither, J. W., Atwater, L. E., Braddy, P. W. & Sturm, R. E. (2010). Self-other rating agreement in leadership: A review. *Leadership Quarterly, 21,* 1005–1034. http://doi.org/10.1016/j.leaqua.2010.10.006

Frager, R. (1994). *Who am I? Personality types for self-discovery.* New York: Aquarian.

Freimuth, J. & Asbahr, T. (2002). Eine kurze Geschichte des Feedback. *Organisationsentwicklung, 21* (1), 79–84.

Freimuth, J. & Kiefer, B.-U. (Hrsg.). (1995). *Geschäftsberichte von unten. Konzepte für Mitarbeiterbefragungen.* Göttingen: Verlag für Angewandte Psychologie.

Funderburg, S. A. & Levy, P. E. (1997). The influence of individual and contextual variables on 360-degree feedback system attitudes. *Group & Organization Management, 22,* 210–235. http://doi.org/10.1177/1059601197222005

Funke, U. & Barthel, E. (1995). Nutzenanalysen von Personalauswahlprogrammen. In W. Sarges (Hrsg.), *Management-Diagnostik* (3. Aufl., S. 820–833). Göttingen: Hogrefe.

Geake, A., Oliver, K. & Farrell, C. (1998). *The application of 360 degree feedback: A survey.* Thames Ditton, Surrey: SHL.

Gentry, W. A. & Leslie, J. B. (2007). Competencies for leadership development: What's hot and what's not when assessing leadership-implications for organization development. *Organization Development Journal, 25* (1), 37–46.

Goldsmith, M. & Underhill, B. O. (2001). Multisource feedback for executive development. In D. W. Bracken, C. W. Timmreck & A. H. Church (Eds.), *The handbook of multisource feedback* (pp. 275–288). San Francisco: Jossey-Bass.

Görlich, Y. (2013). Nutzenanalysen für Personalauswahl und -entwicklung. In W. Sarges (Hrsg.), *Management-Diagnostik* (4. Aufl., S. 979–987). Göttingen: Hogrefe.

Grawe, K., Donati, R. & Bernauer, F. (1994). *Psychotherapie im Wandel: Von der Konfession zur Profession.* Göttingen: Hogrefe.

Greguras, G. J. & Robie, C. (1998). A new look at within-source interrater reliability of 360-degree feedback ratings. *Journal of Applied Psychology, 83,* 960–968. http://doi.org/10.1037/0021-9010.83.6.960

Guion, R.M. (1998). *Assessment, measurement, and prediction for personnel decisions.* Mahwah, NJ: Erlbaum.

Hackenbroch, V. (2016). *Sieg des Bauchgefühls. Warum der Mensch sich von Fakten nicht weiter behelligen lässt.* Verfügbar unter http://www.spiegel.de/spiegel/print/d-146740269.html

Harris, M.M. & Schaubroeck, J. (1988). A meta-analysis of self-supervisor, self-peer, and peer-supervisor ratings. *Personnel Psychology, 41* (1), 43–62. http://doi.org/10.1111/j.1744-6570.1988.tb00631.x

Harss, C. & Maier, K. (1999). *360°-Feedback: Die Expertenbefragung.* München: Twist Unternehmensberatung.

Hazucha, J.F., Hezlett, S.A. & Schneider, R.J. (1993). The impact of 360-degree feedback on management skills development. *Human Resource Management, 32*, 325–351. http://doi.org/10.1002/hrm.3930320210

Hensel, R., Meijers, F., van der Leeden, R. & Kessels, J. (2010). 360 degree feedback: How many raters are needed for reliable ratings on the capacity to develop competences, with personal qualities as developmental goals? *The International Journal of Human Resource Management, 21*, 2813–2830. http://doi.org/10.1080/09585192.2010.528664

Hofstee, W.K.B. (1994). Who should own the definition of personality? *European Journal of Personality, 8*, 149–162. http://doi.org/10.1002/per.2410080302

Hogan, R. (2014, July, 15–19). *Defining personality and leadership.* Paper presented at the 17th European Conference on Personality, Lausanne, Switzerland.

Hossiep, R. & Mühlhaus, O. (2015). *Personalauswahl und -entwicklung mit Persönlichkeitstests* (2. Aufl.). Göttingen: Hogrefe.

House, R.J. & Aditya, R.N. (1997). The social scientific study of leadership: Quo vadis? *Journal of Management, 23*, 409–473. http://doi.org/10.1177/014920639702300306

Institut der deutschen Wirtschaft (iwd) (2014). *Ein Jahr der Rekorde* (iw-dienst, Ausgabe 50, 11.12.2014, 40. Jahrgang, S. 1–2). Verfügbar unter https://www.iwd.de/fileadmin/iwd_Archiv/2014_Archiv/iwd5014.pdf

Institut der deutschen Wirtschaft (iwd) (2015). *Maßgeschneidertes bevorzugt* (iw-dienst, Ausgabe 8, 19.2.2015, 41. Jahrgang, S. 8). Verfügbar unter https://www.iwd.de/fileadmin/iwd_Archiv/2015_Archiv/08-15.pdf

Janis, I.L. (1982). *Groupthink* (2nd ed.). Boston: Houghton Mifflin.

Jones, R.J., Woods, S.A. & Guillaume, Y.R.F. (2015). The effectiveness of workplace coaching: A meta-analysis of learning and performance outcomes from coaching. *Journal of Occupational and Organizational Psychology, 89*, 249–277. http://doi.org/10.1111/joop.12119

Judge, T.A., Higgins, C.A., Thoresen, C.J. & Barrick, M.R. (1999). The big five personality traits, general mental ability, and career success across the life span. *Personnel Psychology, 52*, 621–645. http://doi.org/10.1111/j.1744-6570.1999.tb00174.x

Judge, T.A., LePine, J.A. & Rich, B.L. (2006). Loving yourself abundantly: Relationship of the narcissistic personality to self- and other perceptions of workplace deviance, leadership, and task and contextual performance. *Journal of Applied Psychology, 91*, 762–776. http://doi.org/10.1037/0021-9010.91.4.762

Kaiser, R.B. & Curphy, G. (2013). Leadership development: The failure of an industry and the opportunity for consulting psychologists. *Consulting Psychology Journal, 65*, 294–302. http://doi.org/10.1037/a0035460

Kanning, U.P. (2015). *Soziale Kompetenzen fördern* (2. Aufl.). Göttingen: Hogrefe. http://doi.org/10.1026/02697-000

Kersting, M. (2016). Managen von Wandel: Welche Persönlichkeitsmerkmale Führungskräfte künftig brauchen. *Wirtschaftspsychologie aktuell, 23* (1), 34–38.

Klauer, K.J. (2011). *Transfer des Lernens – Warum wir oft mehr lernen als gelehrt wird*. Stuttgart: Kohlhammer.

Kleinmann, M. (2013). *Assessment-Center* (2. Aufl.). Göttingen: Hogrefe.

Kluger, A.N. & DeNisi, A. (1996). The effects of feedback interventions on performance: A historical review, a meta-analysis, and a preliminary feedback intervention theory. *Psychological Bulletin, 119,* 254–284. http://doi.org/10.1037/0033-2909.119.2.254

Koromzay, T. (2005). 360°-Feedback bei der ABB Semiconductors AG. In M. Scherm (Hrsg.), 360-*Grad-Beurteilungen: Diagnose und Entwicklung von Führungskompetenzen* (S. 159–171). Göttingen: Hogrefe.

Krumm, S., Mertin, I. & Dries, C. (2012). *Kompetenzmodelle*. Göttingen: Hogrefe.

Krumm, S. & Schmidt-Atzert, L. (2009). *Leistungstests im Personalmanagement*. Göttingen: Hogrefe.

Landis, D. & Zes, D. (2013). *A better return on self-awareness*. Los Angeles, CA: Korn Ferry Institute.

Lang, M. (2017). *Die Natur als Faktor in der Personal- und Führungskräfteentwicklung*. (Memorandum 12/17 Arbeitsbereich Führungsbegleitung). Hamburg: Helmut-Schmidt-Universität.

Lepsinger, R. & Lucia, A.D. (2009). *The art and science of 360° Feedback* (2nd ed.). San Francisco: Jossey-Bass.

Leslie, J.B. (2013). *Feedback to managers – A guide to reviewing and selecting multirater instruments for leadership development* (4th ed.). Greensboro, NC: Center for Creative Leadership.

Lohaus, D. (2009). *Leistungsbeurteilung*. Göttingen: Hogrefe.

Lohaus, D. (2010). *Outplacement*. Göttingen: Hogrefe.

Lombardo, M.M. & Eichinger, R.W. (1996). *Learning agility: The learning II architect*. Greensboro, NC: Lominger Limited.

London, M. & Smither, J.W. (1995). Can multi-source feedback change perceptions of goal accomplishment, self-evaluations, and performance-related outcomes? Theory based applications and directions for research. *Personnel Psychology, 48*, 803–839. http://doi.org/10.1111/j.1744-6570.1995.tb01782.x

Longenecker, C.O. & Gioia, D.A. (1992). The executive appraisal paradox. *The Executive, 6* (2), 18–28.

Lüdi, M. & Wenger, F. (2005). Einführung eines 360°-Feedback-Systems beim Schweizerischen Bankverein. In M. Scherm (Hrsg.), *360-Grad-Beurteilungen: Diagnose und Entwicklung von Führungskompetenzen* (S. 285–298). Göttingen: Hogrefe.

Luhmann, N. (1995). *Funktionen und Folgen formaler Organisation* (4. Aufl.). Berlin: Duncker & Humblot.

McCall, M.W. (1997). *High flyers. Developing the next generation of leaders*. Boston, MA: Harvard Business School Press.

McCall, M.W., Lombardo, M.M. & Morrison, A.M. (1988). *The lessons of experience: How successful executives develop on the job*. Lexington, MA: Free Press.

Mandl, H., Prenzel, M. & Gräsel, C. (1992). Das Problem des Lerntransfers in der betrieblichen Weiterbildung. *Unterrichtswissenschaft, 20* (2), 126–143.

Meißner, A. (2012). *Lerntransfer in der betrieblichen Weiterbildung. Theoretische und empirische Exploration der Lerntransferdeterminanten im Rahmen des Training off-the-job*. Köln & Lohmar: Eul.

Miller, W.R. & Rollnick, S. (2002). *Motivational interviewing: Preparing people for change* (2nd ed.). New York: Guilford Press.
Mount, M.K. & Scullen, S.E. (2001). Multisource feedback ratings: What do they really measure? In M. London (Ed.), *How people evaluate others in organizations* (pp. 155–176). Mahwah, NJ: Erlbaum.
Müller, G.F. (1999). Organisationskultur, Organisationsklima und Befriedigungsquellen der Arbeit. *Zeitschrift für Arbeits- und Organisationspsychologie, 43*, 193–201.
Müller-Albrecht, R. (2001). Lernorientiertes 360°-Management-Audit. In J. Samland (Hrsg.), *Das Management-Audit* (S. 132–147). Frankfurt am Main: F.A.Z. Institut.
Murphy, K.R. & Cleveland, J.N. (1995). *Understanding performance appraisal. Social, organizational, and goal-based perspectives.* Thousand Oaks: Sage.
Nesbit, P.L. (2012). The role of self-reflection, emotional management of feedback, and self-regulation processes in self-directed leadership development. *Human Resource Development Review, 11*, 203–226. http://doi.org/10.1177/1534484312439196
Neuberger, O. (2000). *Das 360°-Feedback: Alles fragen? Alles sehen? Alles sagen?* München: Hampp.
Nilsen, D. & Campbell, D. (1993). Self-observer rating discrepancies: Once an overrater, always an overrater? *Human Resource Management, 32*, 265–281. http://doi.org/10.1002/hrm.3930320206
O'Connor Wilson, P., McCauley, C. & Kelly-Radford, L. (1998). 360-degree feedback in the establishment of learning cultures. In W. Tornow, M. London & CCL Associates (Eds.), *Maximizing the value of 360-degree feedback* (pp. 120–146). San Francisco: Jossey-Bass & Center for Creative Leadership.
Oldham, J.M. & Morris, L.B. (1995). *The new personality self-portrait.* New York: Bantam.
Orr, E. (2012). *Survival of the most self-aware.* Los Angeles, CA: Korn Ferry Institute.
Parry, S.B. (1996). The quest for competencies. *Training & Development, 33*, 48–54.
Pfeil, R. von & Schollmeyer, A. (2005). Lufthansa Leadership Feedback: Das 360°-Feedback Instrument zum Führungsverhalten. In M. Scherm (Hrsg.), *360-Grad-Beurteilungen: Diagnose und Entwicklung von Führungskompetenzen* (S. 185–192). Göttingen: Hogrefe.
Pickman, A.J. (1994). *The complete guide to outplacement counselling.* Hillsdale, NJ: Erlbaum.
Pickman, A.J. (Ed.). (1997). *Special challenges in career management: Counselor perspectives.* Mahwah, NJ: Erlbaum.
Plessner, H. (2011). Urteilen. In T. Betsch, J. Funke & H. Plessner (Hrsg.), *Denken – Urteilen, Entscheiden, Problemlösen* (S. 9–63). Heidelberg: Springer.
Radatz, S. (2000). *Beratung ohne Ratschlag. Systemisches Coaching für Führungskräfte und BeraterInnen.* Wien: Institut für systemisches Coaching und Training.
Rauen, C. (2005). *Handbuch Coaching* (3. Aufl.). Göttingen: Hogrefe.
Rauen, C. (2014). *Coaching* (3. Aufl.). Göttingen: Hogrefe.
Regnet, E. (2017). *Frauen ins Management. Chancen, Stolpersteine und Erfolgsfaktoren.* Göttingen: Hogrefe. http://doi.org/10.1026/02725-000
Reinecke, P. (1983). *Vorgesetztenbeurteilung. Ein Instrument partizipativer Führung und Organisationsentwicklung.* Köln: Heymann.
Reiß, M. (1999). Change Management. In L. von Rosenstiel, E. Regnet & M. Domsch (Hrsg.), *Führung von Mitarbeitern* (4. Aufl., S. 653–667). Stuttgart: Schäffer-Poeschel.
Rheinberg, F. (2013). Leistungs-, Macht- und Bindungsmotivation. In W. Sarges (Hrsg.), *Management-Diagnostik* (4. Aufl., S. 292–301). Göttingen: Hogrefe.
Romano, C. (1994). Conquering the fear of feedback. *HR Focus, 71*, 9–19.

Runde, B., Kirschbaum, D. & Wübbelmann, K. (2001). 360°-Feedback – Hinweise für ein best-practice-Modell. *Zeitschrift für Arbeits- und Organisationspsychologie, 45*, 146–157.
Salgado, J. F., Anderson, N. & Tauriz, G. (2015). The validity of ipsative and quasi-ipsative forced-choice personality inventories for different occupational groups: A comprehensive meta-analysis. *Journal of Occupational and Organizational Psychology, 88*, 797–834. http://doi.org/10.1111/joop.12098
Samland, J. (Hrsg.). (2001). *Das Management-Audit*. Frankfurt am Main: F.A.Z. Institut.
Sarges, W. (in Vorb.). *Biographisches Eignungs-Interview (B-E-I)*.
Sarges, W. (1990). *Management-Diagnostik*. Göttingen: Hogrefe.
Sarges, W. (1993). Eine neue Assessment-Center-Konzeption: Das Lernfähigkeits-AC. In A. Gebert & U. Winterfeld (Hrsg.), *Arbeits-, Betriebs- und Organisationspsychologie vor Ort. Bericht über die 34. Fachtagung der Sektion Arbeits-, Betriebs- und Organisationspsychologie im BDP in Bad Lauterberg 1992* (S. 29–37). Bonn: Deutscher Psychologen Verlag.
Sarges, W. (1995). Lernpotential-AC. In W. Sarges (Hrsg.), *Management-Diagnostik* (2. Aufl., S. 728–739). Göttingen: Hogrefe.
Sarges, W. (2000). Diagnose von Managementpotential für eine sich immer schneller und unvorhersehbarer ändernde Wirtschaftswelt. In L. von Rosenstiel & T. Lang-von Wins (Hrsg.), *Perspektiven der Potentialbeurteilung* (S. 107–128). Göttingen: Hogrefe.
Sarges, W. (2001). Lernpotential-Assessment Center. In W. Sarges (Hrsg.), *Weiterentwicklungen der Assessment Center-Methode* (2. Aufl., S. 97–108). Göttingen: Verlag für Angewandte Psychologie.
Sarges, W. (2002). Competencies statt Anforderungen – nur alter Wein in neuen Schläuchen? In H.-C. Riekhof (Hrsg.), *Strategien der Personalentwicklung* (5. Aufl., S. 285–308). Wiesbaden: Gabler.
Sarges, W. (2007). *360-Grad-Beurteilungen einer Person: mehr „Wahrheit im Plural" durch tauglichere Evokations- und Erfassungsmodi der Fremd-Einschätzungen*. Vortrag auf der 9. Arbeitstagung der Fachgruppe für Differentielle Psychologie, Persönlichkeitspsychologie und Psychologische Diagnostik der Deutschen Gesellschaft für Psychologie, 24. bis 26. September 2007, Wien.
Sarges, W. (2013a). Lernpotenzial. In M.A. Wirtz (Hrsg.), *Dorsch – Lexikon der Psychologie* (16. Aufl., S. 951f.). Bern: Huber.
Sarges, W. (2013b). Lernpotenzial als Meta-Kompetenz. In W. Sarges (Hrsg.), *Management-Diagnostik* (4. Aufl., S. 481–491). Göttingen: Hogrefe.
Sarges, W. (Hrsg.). (2013c). *Management-Diagnostik* (4. Aufl.). Göttingen: Hogrefe.
Sarges, W. & Roos, C. (2008). Self-BF – ein indirektes Verfahren zur Erfassung der Big Five. In W. Sarges & D. Scheffer (Hrsg.), *Innovative Ansätze für die Eignungsdiagnostik* (S. 215–227). Göttingen: Hogrefe.
Sarges, W. & Stracke, F. (2018). Feedback schon während des Assessment Centers: Das Lernpotenzial-Assessment Center (LP-AC). In I. Jöns & W. Bungard (Hrsg.), *Feedbackinstrumente im Unternehmen – Grundlagen, Gestaltungshinweise, Erfahrungsberichte* (2. Aufl., S. 329–340). Heidelberg: Springer.
Sarges, W. & Westermann, F. (2013). Management-Audits. In W. Sarges (Hrsg.), *Management-Diagnostik* (4. Aufl., S. 873–884). Göttingen: Hogrefe.
Scherm, M. (1998). Synergie in Gruppen – mehr als eine Metapher? In E. Ardelt, H. Lechner & W. Schlögel (Hrsg.), *Gruppendynamik – Anspruch und Wirklichkeit der Arbeit in Gruppen* (S. 62–70). Göttingen: Verlag für Angewandte Psychologie.

Scherm, M. (1999). 360-Grad-Feedback: Das Multiratersystem „Benchmarks" von Lombardo und McCauley (1996). *Zeitschrift für Arbeits- und Organisationspsychologie, 43*, 102–106. http://doi.org/10.1026//0932-4089.43.2.102

Scherm, M. (2004). !Response 360°-Feedback. In W. Sarges & H. Wottawa (Hrsg.), *Handbuch wirtschaftspsychologischer Testverfahren* (2. Aufl., S. 683–689). Lengerich: Pabst.

Scherm, M. (Hrsg.). (2005). *360-Grad-Beurteilungen: Diagnose und Entwicklung von Führungskompetenzen*. Göttingen: Hogrefe.

Scherm, M. (2014). *Kompetenzfeedbacks: Selbst- und Fremdbeurteilung beruflichen Verhaltens*. Göttingen: Hogrefe.

Scherm, M. & de Jonge, J. (2012). Coaching-Bedarfe: Klärung durch multiperspektivisches Kompetenzfeedback. *Coaching-Magazin, 2*, 44–48.

Scherm, M. & de Jonge, J. (2016). *!Response 360°-Feedback: Ein Inventar zur multiperspektivischen Beurteilung von Führungskompetenzen* (2., vollst. überarb. Version). Unveröffentlichtes Manuskript, Ahrensburg b. Hamburg.

Schuler, H. (2000). Das Rätsel der Merkmals-Methoden-Effekte: Was ist „Potential" und wie lässt es sich messen? In L. von Rosenstiel & T. Lang-von Wins (Hrsg.), *Perspektiven der Potentialbeurteilung* (S. 53–71). Göttingen: Hogrefe.

Schuler, H. (2014). *Psychologische Personalauswahl. Eignungsdiagnostik für Personalentscheidungen und Berufsberatung* (4. Aufl.). Göttingen: Hogrefe.

Schuler, H. & Mussel, P. (2016). *Einstellungsinterviews vorbereiten und durchführen*. Göttingen: Hogrefe. http://doi.org/10.1026/02397-000

Schulz-Hardt, S. (1997). *Realitätsflucht in Entscheidungsprozessen: Vom Groupthink zum Entscheidungsautismus*. Bern: Huber.

Schulz von Thun, F. (1995). *Miteinander reden 2 – Stile, Werte und Persönlichkeitsentwicklung*. Reinbek b. Hamburg: Rowohlt.

Sherif, M. & Hovland, C.I. (1961). *Social judgement*. New Haven: Yale University Press.

Smither, J.W., London, M., Flautt, R., Vargas, Y. & Kucine, I. (2003). Can working with an executive coach improve multisource feedback ratings over time? A quasi-experimental field study. *Personnel Psychology, 56*, 23–44. http://doi.org/10.1111/j.1744-6570.2003.tb00142.x

Smither, J.W., London, M. & Reilly, R.R. (2005). Does performance improve following multisource feedback? A theoretical model, meta-analysis, and review of empirical findings. *Personnel Psychology, 58*, 33–66. http://doi.org/10.1111/j.1744-6570.2005.514_1.x

Smither, J.W., London, M., Vasilopoulos, N.L., Reilly, R.R., Millsap, R.E. & Salvemini, N.J. (1995). An examination of the effects of an upward feedback program over time. *Personnel Psychology, 48*, 1–34. http://doi.org/10.1111/j.1744-6570.1995.tb01744.x

Smither, J.W. & Reilly, S.P. (2001). Coaching in organizations. In M. London (Ed.), *How people evaluate others in organizations* (pp. 221–252). Mahwah, NJ: Erlbaum.

Solomon, R.C. & Higgins, K.M. (2000). *Eine kurze Geschichte der Philosophie*. München: Piper.

Spencer, L.M. & Spencer, S.M. (1993). *Competence at work*. New York: Wiley.

Spreitzer, G.M., McCall, M.W. & Mahoney, J.D. (1997). Early identification of international executive potential. *Journal of Applied Psychology, 82*, 6–29. http://doi.org/10.1037/0021-9010.82.1.6

Sprenger, R.K. (2005). Umzingelt! In M. Scherm (Hrsg.), 360-*Grad-Beurteilungen: Diagnose und Entwicklung von Führungskompetenzen* (S. 361–367). Göttingen: Hogrefe.

Stahl, E. (2009). Das ideale Feedback-Empfangskomitee – zur Psychodynamik des Feedback-Empfangs. In F. Schulz von Thun & D. Kumbier (Hrsg.), *Impulse für Führung und Training – Kommunikationspsychologische Miniaturen 2* (S. 105–126). Reinbek: Rowohlt.

Staudt, E. & Kriegesmann, B. (1999). Weiterbildung: Ein Mythos zerbricht. In Arbeitsgemeinschaft Qualifikations-Entwicklungs-Management/Arbeitsgemeinschaft Betriebliche Weiterbildungsforschung (Hrsg.), *Kompetenzentwicklung '99* (S. 17–59). Münster: Waxmann.

Stegmaier, R. (2016). *Management von Veränderungsprozessen*. Göttingen: Hogrefe.

SYMLOG Consulting Group (2019). *Introduction to SYMLOG*. Verfügbar unter https://www.symlog.com/SYMLOG/IntroAndFundamentals.aspx

Tausch, R. & Tausch, A.-M. (1990). *Gesprächs-Psychotherapie* (9. Aufl.). Göttingen: Hogrefe.

Taylor, M.S., Fisher, C.D. & Ilgen, D.R. (1984). Individuals' reactions to performance feedback in organizations: A control theory perspective. In K.M. Rowland & G.R. Ferris (Eds.), *Research in Personnel and Human Resources Management* (Vol. 2, pp. 81–124). Greenwich, CT: JAI Press.

Ting, S. & Hart, E.W. (2004). Formal coaching. In C.D. McCauley & E. Van Velsor (Eds.), *The Center for Creative Leadership handbook of leadership development* (2nd ed., pp. 116–150). San Francisco: Jossey-Bass.

Tjosvold, D. (1991). *Team organization*. Chichester: Wiley.

Tversky, A. & Kahneman, D. (Eds.). (1990). *Judgment under uncertainty*. Cambridge: Cambridge University Press.

Vancouver, J.B. & Day, D.V. (2005). Industrial and organization research on self-regulation: From constructs to applications. *Applied Psychology: An International Review, 54* (2), 155–185. http://doi.org/10.1111/j.1464-0597.2005.00202.x

van Hooft, E.A.J., van der Flier, H. & Minne, M.R. (2006). Construct validity of multi-source performance ratings: An examination of the relationship of self-, supervisor-, and peer-ratings with cognitive and personality measures. *International Journal of Selection and Assessment, 14* (1), 67–81. http://doi.org/10.1111/j.1468-2389.2006.00334.x

Van Velsor, E., Leslie, J.B. & Fleenor, J.W. (1997). *Choosing 360: A guide to evaluating multi-rater feedback instruments for management development*. Greensboro, NC: Center for Creative Leadership.

Viswesvaran, C., Ones, D.S. & Schmidt, F.L. (1996). Comparative analysis of the reliability of job performance ratings. *Journal of Applied Psychology, 81*, 557–574. http://doi.org/10.1037/0021-9010.81.5.557

Waldman, D.A., Atwater, L.E. & Antonioni, D. (1998). „Has 360-degree feedback gone amok?" *Academy of Management Executive, 12*, 86–94.

Waldman, D.A. & Atwater, L.E. (2001). Confronting barriers to successful implementation of multisource feedback. In D.W. Bracken, C.W. Timmreck & A.H. Church (Eds.), *The handbook of multisource feedback* (pp. 463–477). San Francisco: Jossey-Bass.

Walker, A.G. & Smither, J.W. (1999). A five-year study of upward feedback: What managers do with their results matters. *Personnel Psychology, 52*, 393–423. http://doi.org/10.1111/j.1744-6570.1999.tb00166.x

Walker, A.G., Smither, J.W., Atwater, L.E., Dominick, P.G., Brett, J.F. & Reilly, R.R. (2010). Personality and multisource feedback improvement: A longitudinal investigation. *Journal of Behavioral and Applied Management, 11* (2), 175–204.

Walsh, I. (Hrsg.). (1996). *Management Audit: Anforderungen und Profile im Zeitalter der schlanken Führung*. Göttingen: Verlag für Angewandte Psychologie.

Warech, M.A., Smither, J.W., Reilly, R.R., Millsap, R.E. & Reilly, S.P. (1998). Self-monitoring and 360 degree ratings. *Leadership Quarterly, 9*, 449–473. http://doi.org/10.1016/S1048-9843(98)90011-X

Westermann, F. & Birkhan, G. (2013). Managementversagen und Derailment. In W. Sarges (Hrsg.), *Management-Diagnostik* (4. Aufl., S. 969–978). Göttingen: Hogrefe.

Wildemann, H. (1995). Die lernende Organisation. *Zeitschrift für Betriebswirtschaft (Ergänzungsheft 3), 65*, 1–24.

Yammarino, F. J. & Atwater, L. E. (1993). Understanding self-perception accuracy: Implications for human resources management. *Human Resource Management, 32*, 231–249. http://doi.org/10.1002/hrm.3930320204

Yammarino, F. J. & Waldman, D. A. (1993). Performance in relation to job skill importance: A consideration of rater source. *Journal of Applied Psychology, 78*, 242–249 http://doi.org/10.1037/0021-9010.78.2.242.

Leitfragen für das Feedbackgespräch

***Vor* der Darstellung der Feedbackergebnisse:**

- Welche Erwartungen (positiv/negativ) verbinden Sie mit dem Feedback?
- Was glauben Sie: Welche Verhaltensweisen/Fähigkeiten schätzen die Personen in Ihrer beruflichen Umgebung (Vorgesetzte, Kollegen, Mitarbeiter) besonders an Ihnen?
- Welche Verhaltensweisen werden wohl eher kritisch gesehen? (Gegenprobe)
- Welches waren bislang Ihre größten beruflichen Erfolge? Was haben Sie aus den damit verbundenen Erfahrungen gelernt? (Aktivieren kritischer Ereignisse)
- Bei welchen Ereignissen oder Situationen waren Sie beruflich weniger erfolgreich? Was haben Sie gerade auch aus *diesen* Erfahrungen gelernt? (Gegenprobe)
- Welche Kompetenzen benötigen Sie in *besonderem* Maße, um in Ihrer beruflichen Tätigkeit erfolgreich zu sein?

***Nach* der Darstellung der Feedbackergebnisse:**

- Was könnte Ihre Feedbackgeber zu den Einschätzungen bewogen haben? (mögliche Überstrahlungseffekte klären)
- Welchen Nutzen gewinnen Sie aus den Feedbackergebnissen?
- Welche Erwartungen und Wünsche haben die Personen, die Sie eingeschätzt haben, vermutlich an Sie (Perspektivenwechsel anregen, besonders wichtig für Feedbacknehmer des Musters „Überschätzung", siehe Abschnitt 2.5)? Welchen von diesen wollen/können Sie entsprechen, welchen dagegen nicht?
- Welche beruflichen *Ziele* möchten Sie in den nächsten Jahren ansteuern (zur Abklärung von Kompetenzpotenzialen, vor allem wichtig für Feedbacknehmer des Musters „Kongruenz")? Welche Kompetenzen wollen Sie in diesem Zusammenhang *vorrangig* entwickeln? Wer oder was könnte Sie dabei unterstützen?
- Welche Anlässe und Gelegenheiten können Sie zukünftig nutzen (bzw. herbeiführen), um auch *informell* Feedback einzuholen?
- Wie könnten Sie selbst zu einer besseren Feedbackkultur in Ihrer Organisation beitragen?

Ziel- und Kontraindikationen des 360°-Feedbacks

Welche Ziele können mit einem 360°-Feedback verfolgt werden (Zielindikation)?

- Die Führungskräfte wollen ihre Bereitschaft zur Veränderung stärken und ihre Fähigkeit zur Selbstentwicklung trainieren.
- Sie sollen ihre Kompetenzen im Sinne der an sie gestellten Anforderungen verbessern.
- Der unternehmensweite Dialog über Anforderungen und Kompetenzen soll intensiviert werden.
- Bestehende Diagnoseverfahren für die Personalentwicklung sollen wirksam ergänzt oder sogar optimiert werden.
- Das Unternehmen soll die Leistungsträger stärker an sich binden (internes Personalmarketing).
- Das Unternehmen will (mittelfristig) seine Wettbewerbsfähigkeit und Ertragskraft verbessern.

Welche Absichten sollten dagegen nicht verfolgt werden (Kontraindikation)?

- Das Konfliktpotenzial innerhalb einer Projektgruppe, Abteilung o.Ä. soll aufgelöst werden.
- Die Geschäftsleitung will per 360°-Feedback-Analyse die Entlassung „kompetenzschwacher" Führungskräfte vorbereiten.
- Das Management möchte diejenigen Mitarbeiter identifizieren, die dem Management kritisch gegenüberstehen.
- Das Unternehmen möchte Kompetenzen und Leistungen seiner Führungskräfte verbessern, ohne dass dies durch eine entsprechende Anreizkultur flankiert würde (d.h. die Entwicklung von Kompetenzen führt mittel- und langfristig nicht zu Unterschieden in horizontalen oder vertikalen Herausforderungen bzw. Karrierebewegungen, beim Entgelt o.a.).

Herausforderungen für die erfolgreiche Einführung und Gestaltung von 360°-Feedbacks

Günstige Randbedingungen gestalten:

- Stakeholder in der Organisation für die Einführung gewinnen
- Ziele durch den Vorstand bzw. die Leitung klar kommunizieren
- Freiwillige Teilnahme sicherstellen
- Nach der Ankündigung der Einführung zeitnah für die Umsetzung sorgen
- Top-Management und Leitungsebene gehören zum ersten Adressatenkreis als Feedbackempfänger (Vorbildfunktion)

Administration des Feedbackprozesses:

- Klare Zuständigkeiten und Ansprechbarkeiten auf Seiten HR festlegen und kommunizieren
- Technische und organisatorische Schnittstellen zwischen HR und ggf. externen Beratungen oder Dienstleistern definieren
- Frühzeitig klären: Wer wählt die Feedbackgeber und nach welchen Kriterien aus? (benennt die Fokusperson diese selbst, werden diese zufallsgesteuert aus einem Pool ausgewählt usw.?)
- Individuelle Zugangsmöglichkeiten zu IT für Feedbackgeber und -nehmer organisieren
- Vertraulichkeit für Feedbackgeber und -nehmer sicherstellen
- Frühzeitig entscheiden, wer neben den Fokuspersonen ggf. noch Zugriff oder Kenntnis über die Feedbackergebnisse erhält bzw. über mögliche Weiterungen mitentscheidet

Das Feedbackgespräch erfolgreich gestalten:

- Für entspannten Zeitansatz sorgen (Minimum: 1.5 Stunden)
- Positive Stimmung für Entwicklung schaffen („Es-geht-Haltung")
- Balance zwischen irritierenden Impulsen und Wertschätzung halten (Kränkungen vermeiden)
- Herausfordernde und konkrete Ziele mit Bezug zum Tätigkeitskontext vereinbaren

Die Entwicklung der Fokuspersonen mittel- und langfristig gestalten:

- Die Fokuspersonen dazu anhalten, ihren möglichen Fortschritt kontinuierlich selbst zu reflektieren (z. B. durch tagebuchähnliche Aufzeichnungen)
- Übernahme herausfordernder Aufgaben und Projekte fördern
- Coachings anbieten
- Trainings- und Weiterbildungsangebote platzieren
- Unterstützung für die Entwicklung aus dem Umfeld der Fokuspersonen gewinnen
- Das Feedback nach angemessenem Abstand wiederholen (ca. nach einem halben bis einem Jahr)

Leitfaden für die erfolgreiche Auswahl von Feedbackverfahren

Strategische Ziele klären:

- Was sind Ziel und Zweck des Feedbackprozesses?
- Welche (ggf. auch unterschiedlichen) Bedarfe haben die einzelnen Fokusgruppen?
- Inwieweit passt die eigene HR-Strategie zum Feedbackinstrument?

Marktüberblick verschaffen und Kompatibilität abschätzen:

- Für welche Funktion ist das Instrument ausgelegt?
- Passen die infrage kommenden Instrumente zum Kompetenzmodell des Unternehmens/der Organisation?

Die Feedbackphilosophie prüfen:

- Wie groß ist die Übereinstimmung zwischen den Instrumenten und der Organisationskultur hinsichtlich der Vorstellung von *erfolgreicher* Führung?
- Wenn primär die Entwicklung der Führungskräfte gefördert werden soll: Kann dies mit einer wiederholten Messung mit dem Instrument abgebildet (gemessen) werden?

Die Skalen inspizieren (Qualitäts-Check I):

- Inhaltliche Abdeckung (Berücksichtigung von Motivation, Kognition und sozialer Interaktion)
- Ausrichtung der Items (kompetenzorientiert, verhaltensbezogen, persönlichkeitsbezogen)

Die Gütekriterien des Verfahrens prüfen (Qualitäts-Check II):

- Objektivität (z. B. Interrater-Übereinstimmung)
- Reliabilität (z. B. interne Konsistenz)
- Validität (Konstruktvalidität, kriterienbezogene Validität)

Präsentation der Ergebnisdarstellung prüfen